uni—texte

Lehrbücher

A. J. Baden Fuller, Mikrowellen

G. M. Barrow, Physikalische Chemie I, II, III

W. L. Bontsch-Brujewitsch / I. P. Swaigin / I. W. Karpenko / A. G. Mironow,
Aufgabensammlung zur Halbleiterphysik

L. Collatz / J. Albrecht, Aufgaben aus der Angewandten Mathematik I, II

W. Czech, Übungsaufgaben aus der Experimentalphysik

H. Dallmann / K.-H. Elster, Einführung in die höhere Mathematik

M. Denis-Papin / G. Cullmann, Übungsaufgaben zur Informationstheorie

M. J. S. Dewar, Einführung in die moderne Chemie

P. B. Dorain, Symmetrie und anorganische Strukturchemie

M. Durand / P. Favard, Die Zelle

N. W. Efimow, Höhere Geometrie I, II

A. P. French, Spezielle Relativitätstheorie

D. Geist, Halbleiterphysik I, II

W. L. Ginsburg / L. M. Levin / S. P. Strelkow, Aufgabensammlung der Physik I

P. Guillery, Werkstoffkunde für Elektroingenieure

J. G. Holbrook, Laplace-Transformation

Ch. Houillon, Sexualität

I. Ye. Irodov, Aufgaben zur Atom- und Kernphysik

D. Kind, Einführung in die Hochspannungs-Versuchstechnik

S. G. Krein / V. N. Uschakowa, Vorstufe zur höheren Mathematik

Krischner, Einführung in die Röntgenfeinstrukturanalyse

H. Lau / W. Hardt, Energieverteilung

R. Ludwig, Methoden der Fehler- und Ausgleichsrechnung

E. Meyer / R. Pottel, Physikalische Grundlagen der Hochfrequenztechnik

E. Poulsen Nautrup, Grundpraktikum der organischen Chemie

L. Prandtl / K. Oswatitsch / K. Wieghardt, Führer durch die Strömungslehre

J. Ruge, Technologie der Werkstoffe

W. Rieder, Plasma und Lichtbogen

H. Sachsse, Einführung in die Kybernetik

D. Schuller, Thermodynamik

F. G. Taegen, Einführung in die Theorie der elektrischen Maschinen I, II

W. Tutschke, Grundlagen der Funktionentheorie

W. Tutschke, Grundlagen der reellen Analysis I, II

H.-G. Unger, Elektromagnetische Wellen I, II

H.-G. Unger, Quantenelektronik

H.-G. Unger / W. Schultz, Elektronische Bauelemente und Netzwerke I, II, III

B. Vauquois, Wahrscheinlichkeitsrechnung

W. Wuest, Strömungsmeßtechnik

Skripten

J. Behne / W. Muschik / M. Päsler,
Ringvorlesung zur Theoretischen Physik, Theorie der Elektrizität

H. Feldmann, Einführung in ALGOL 60

O. Hittmair / G. Adam, Ringvorlesung zur Theoretischen Physik, Wärmetheorie

H. Jordan / M. Weis, Asynchronmaschinen

H. Kamp / H. Pudlatz, Einführung in die Programmiersprache PL/I

G. Lamprecht, Einführung in die Programmiersprache FORTRAN IV

E. Macherauch, Praktikum in Werkstoffkunde

E.-U. Schlünder, Einführung in die Wärme- und Stoffübertragung

H. Schubart, Einführung in die klassische und moderne Zahlentheorie

W. Schultz, Einführung in die Quantenmechanik

W. Schultz, Dielektrische und magnetische Eigenschaften der Werkstoffe

Günther Lamprecht

Einführung in die Programmiersprache SIMULA

Anleitung zum Selbststudium

Skriptum für
Hörer aller Fachrichtungen
ab 1. Semester

Springer Fachmedien Wiesbaden GmbH

Prof. Dr. Günther Lamprecht
ist Leiter des Rechenzentrums der Universität Bremen

Verlagsredaktion: *Alfred Schubert*

Additional material to this book can be downloaded from http://extras.springer.com

ISBN 978-3-528-03321-7   ISBN 978-3-322-89444-1 (eBook)
DOI 10.1007/978-3-322-89444-1

Vorwort

Diese Einführung in die Programmiersprache SIMULA ist aus einer Lehrveranstaltung entstanden, die im WS 1974/75 und im SS 75 am Rechenzentrum der Universität Bremen abgehalten wurde. Das Buch wendet sich an „Hörer aller Fakultäten" und will ihnen den Zugang zur Datenverarbeitung an Hand einfacher Aufgabenstellungen erleichtern.

Die Programmiersprache SIMULA, die am Norwegian Computing Center, Oslos, von O.J. Dahl, B. Myhrhaug und K. Nygaard entwickelt wurde, ist eine Erweiterung der Programmiersprache ALGOL 60. Die Sprache bietet eine Fülle von Anweisungen, so daß man den Lösungsweg auch bei komplexer Aufgabenstellung übersichtlich beschreiben kann.

Das Ziel dieser Einführung in die Programmiersprache SIMULA ist es, den Leser nach und nach mit den Sprachelementen vertraut zu machen. Dabei kommt es weniger darauf auf, die Sprache vollständig zu beschreiben, als vielmehr, beispielhaft zu zeigen, wie man die einzelnen Anweisungen anwenden kann.

Alle Programmierbeispiele und Aufgaben wurden auf der Rechenanalge IRIS 80 der Universität Bremen gerechnet und die Ergebnisse im Lösungsteil angegeben und erläutert. Damit hat der Leser die Möglichkeit, seine Programme und Ergebnisse zu kontrollieren.

Allen Mitarbeitern des Rechenzentrums bin ich für ihre Anregungen und Verbesserungsvorschläge zu Dank verpflichtet. Frau U. Pochciol möchte ich an dieser Stelle ausdrücklich für ihre Sorgfalt beim Schreiben der Druckvorlage danken.

Bremen, im November 1975

Günther Lamprecht

Inhaltsverzeichnis

1 Eine einfache Programmieraufgabe

Wir wollen uns die Aufgabe stellen, mit Hilfe der
Rechenanlage den Wert der Funktion

$$y = 0,3\ x^2 + 0,25\ x - 1$$

an der Stelle x = 5 zu berechnen. Wie man leicht nach-
rechnen kann, muß das Ergebnis 7,75 lauten.

Das SIMULA-Programm soll angegeben und anschließend
erläutert werden.

Beispiel 1.1

```
BEGIN
   REAL X,Y;
   X := 5;
   Y := 0.3*X**2+0.25*X-1;
   OUTFIX(X,6,20); OUTFIX(Y,6,20); OUTIMAGE;
END#
```

Jedes Programm wird mit dem Schlüsselwort BEGIN begonnen und mit END# beendet.[*] Diese beiden Schlüsselwörter bilden sozusagen eine Klammer, mit der alle Anweisungen zu einem Programm zusammengehalten werden.
Wie wir später sehen werden, können sie auch an anderer
Stelle (jedoch ohne das Zeichen #) benutzt werden. Sie
verklammern dann einen Teil des Programms.

Durch die auf BEGIN folgende Anweisung

```
   REAL X,Y;
```

werden zwei Speicherplätze bereitgestellt, auf die wir
im weiteren Programmablauf über die Namen X und Y zugreifen können.

---

[*] Die Sprache SIMULA kennt das Zeichen # als Programmende
nicht. Da es andererseits von dem von uns benutzten
Compiler gefordert wird und wir auch fertige Programme
angeben wollen, soll diese besondere Form des Programm-
endes hier eingeführt werden.

Da sich der Inhalt der Speicherplätze im Laufe des Programms
ändern kann, spricht man auch von den "Variablen" X und Y
und sagt, daß sie durch die Anweisung

      REAL X,Y;

"deklariert" werden.

Allgemein kann man Variable deklarieren, indem man nach
dem Schlüsselwort REAL deren Namen durch Kommata getrennt
aufführt. Die Deklarationsanweisung wird mit einem Semikolon
abgeschlossen. Es ist zu beachten, daß alle Variablen vor
ihrer ersten Benutzung im Programm deklariert sein müssen,
und wir halten fest, daß ihre Deklaration nach dem Schlüsselwort BEGIN zu erfolgen hat.

Bezüglich der Wahl von Variablennamen gilt folgende
Festlegung:

Das erste Zeichen des Namens muß ein Buchstabe sein,
dann dürfen Buchstaben und Ziffern in beliebiger Reihenfolge angegeben werden.

Dies besagt, daß keine Sonderzeichen und insbesondere keine
Leerzeichen in einem Namen auftreten dürfen. Selbstverständ-
lich müssen die Namen eindeutig sein und dürfen nicht mit
bereits festgelegten Namen oder Schlüsselwörtern übereinstimmen (vgl. hierzu Anhang B).

Durch die hier benutzte Deklarationsanweisung
(es werden nachfolgend noch weitere erläutert)

      REAL X,Y;

geschieht dreierlei:

1) Bereitstellung von zwei Speicherplätzen, die die
   Namen X und Y erhalten

2) Festlegung der internen Zahlendarstellung
   ("Typ der Variablen")

3) Vorbesetzung der bereitgestellten Speicherplätze
   mit dem Wert Null.

Die unter 2) genannte Festlegung der internen Zahlendarstellung ist abhängig von der benutzten Rechenanlage. Gleichzeitig ist damit die mögliche Rechengenauigkeit und der Zahlenbereich gegeben. (Wegen weiterer Einzelheiten siehe Anhang A).

Durch die im Programmbeispiel nachfolgende Anweisung

        X := 5;

wird der Variablen X der Wert 5 in der für sie gewählten Speicherungsform (Typ REAL) zugewiesen. Allgemein wird in einem Zuweisungsstatement der Variablen, die links von dem Zuweisungszeichen := steht, der Wert zugewiesen, der auf der rechten Seite angegeben ist.

Wie man an der nächsten Anweisung

        Y := 0.3*X**2*0.25*X-1;

erkennen kann, braucht die rechte Seite nicht aus einer Konstanten zu bestehen. Vielmehr kann hier ein beliebig komplizierter arithmetischer Ausdruck angegeben sein. Nach der Auswertung des arithmetischen Ausdrucks wird der berechnete Wert der Variablen auf der linken Seite des Zuweisungszeichens zugewiesen. Die Auswertung wird nach Prioritäten vorgenommen, die mit den einzelnen Rechenarten (Exponentiation, Multiplikation, Division sowie Addition und Subtraktion) gekoppelt sind. Im nächsten Abschnitt soll ausführlicher auf die arithmetischen Ausdrücke eingegangen werden.

Nach der Wertzuweisung an die Variable Y werden die Inhalte der Variablen X und Y auf dem Drucker ausgegeben. Dies geschieht durch die drei Anweisungen:

        OUTFIX(X,6,20); OUTFIX(Y,6,20); OUTIMAGE;

Diese Anweisungen werden später ausführlich beschrieben; im Augenblick wollen wir nur festhalten, daß durch die Anweisung OUTFIX mit anschließender Angabe des Variablennamens und zweier Angaben für die Größe des Druckfeldes der Inhalt eines Speicherplatzes in aufbereiteter Form in einen Ausgabebereich geschrieben wird.

Durch die Anweisung

      OUTIMAGE;

wird der Ausgabebereich seinerseits auf dem Drucker ausgegeben.

Anschließend wird das Programmbeispiel durch die Anweisung

      END#

beendet, wie es bereits oben erwähnt wurde.

In dem Programmbeispiel 1.1 wurden die einzelnen Anweisungen untereinander aufgeführt. Dies hatte nur den Grund,
daß der menschliche Leser das Programm einfacher überschauen
kann. Für den Compiler, der das Programm in die jeweilige
Maschinensprache übersetzt, hätte es ausgereicht, zwischen
den Schlüsselwörtern BEGIN und REAL und zu dem Variablennamen X jeweils ein Leerzeichen zu lassen. Alle anderen Angaben des Programms hätte man unmittelbar aneinanderreihen
können. Dabei hätte man alle 8o Spalten der Programm-Lochkarten
für die Anweisung ausnutzen können, da alle 8o Spalten für
die Programmangaben zur Verfügung stehen.

Allgemein kann man sagen, daß nur die Schlüsselwörter und
die entweder gewählten oder vorgegebenen Namen nicht anein-
anderstoßen dürfen. Sie müssen durch mindestens ein Leerzeichen oder durch ein Sonderzeichen (siehe Anhang C) voneinander getrennt sein. Umgekehrt dürfen fast überall Leerzeichen eingefügt werden, um das Programm leichter lesbar
zu gestalten. Sie dürfen aber <u>nicht</u> in Schlüsselwörtern und
in Namen sowie in zusammengesetzten Sonderzeichen auftreten.
So darf z.B. nicht REA L anstelle von REAL und nicht : = anstelle des Zuweisungszeichens := geschrieben werden.

Falls man zur Erläuterung der einzelnen Anweisungen Kommen-
tare einfügen möchte, kann man dieses an jeder Stelle im
Programm tun, an der man - ohne das Programm zu verändern -
ein Leerzeichen einfügen könnte. Man hat den Kommentar dafür
zwischen zwei Dollarzeichen ($) zu schreiben. Natürlich darf
der Kommentar kein Dollarzeichen enthalten, wohl aber jedes
andere zulässige Zeichen.

So ist zum Beispiel folgende Anweisung mit eingefügtem
Kommentar korrekt

    REAL $ Reservieren von 2 Speicherplätzen $ X,Y;

Aufgabe 1.1

Bitte schreiben Sie ein Programm, das den Funktionswert

$$y = \frac{ax^2+bx+c}{dx+e}$$

an der Stelle x = 2,5 berechnet und ausdruckt. Es
sollen folgende Koeffizientenwerte benutzt werden:

    a=4, b=3, c=-6, d=1,5, e=-3

Hinweis: Der Bruchstrich kann auf der Lochkarte nicht
so angegeben werden; es müssen deshalb Zähler und
Nenner in runde Klammern eingeschlossen werden. Das
Divisionszeichen ist der Schrägstrich (/).

Aufgabe 1.2

Welche Fehler sind in dem folgenden Programm zur
Berechnung von

$$z = \frac{x^2-2x+1}{x^2+1}$$

an der Stelle x=3,5 vorhanden?

```
BEGIN
   REAL Z; X: =3,5;
   Z = X** 2-2X+1/(X* *2+1)
   OUTFIX(X,6,20); OUTFIX(Y,6,20); OUTIMAGE;
END*
```

2 Ganze Zahlen; Auswertung arithmetischer Ausdrücke

In dem Abschnitt 1 haben wir gesehen, wie man eine
Variable vom Typ REAL deklarieren muß. Will man einer
Variablen während des Programmablaufs nur ganze Zahlen
(positive und negative ganze Zahlen sowie die Zahl
Null) zuweisen, so kann man sie als Variable vom Typ
INTEGER deklarieren.

Bei der Deklaration sind nach dem Schlüsselwort
INTEGER alle Namen von Variablen durch Kommata getrennt
aufzuführen, die den Typ INTEGER erhalten sollen.
Wieder geschieht durch die Deklarationsanweisung
dreierlei:

1) Bereitstellung von Speicherplätzen und gleichzeitig Festlegung der gewünschten Namen für
   diese Speicherplätze

2) Festlegung des Typs der Variablen (INTEGER)

3) Vorbesetzung der Speicherplätze mit dem
   Wert Null.

Bezüglich der Vergabe von Namen für Variable gilt
das im Abschnitt 1 Gesagte: Das erste Zeichen des
Namens muß ein Buchstabe sein, dann dürfen sich
Ziffern und Buchstaben in beliebiger Reihenfolge anschließen.

Wieder ist zu beachten, daß die Variablen vor
ihrer ersten Benutzung im Programm deklariert sein
müssen. Dies bedeutet, daß man sie zu Beginn des
Programms festzulegen hat. Vorausgehen darf nur die
Deklaration von anderen Variablen oder die Angabe
eines Kommentars.

<u>Beispiel 2.1</u>

```
BEGIN    $ DEKLARATIONSTEIL $
  INTEGER K1,LM,J,HH;
  REAL   X,Y;
    ...
```

Hierdurch werden 4 Speicherplätze bereitgestellt, in
denen man ganze Zahlen speichern kann. Die Speicherplätze erhalten die Namen K1, LM, J und HH. Alle vier
Speicherplätze erhalten als erstes den Wert Null zugewiesen. Ferner werden 2 Speicherplätze vom Typ REAL
bereitgestellt. Sie erhalten die Namen X und Y und
werden mit dem Wert Null vorbesetzt. (Wegen der unterschiedlichen Zahlendarstellung von Variablen mit dem
Typ INTEGER und dem Typ REAL vergleiche man den Anhang A).

In der Sprache SIMULA darf ein arithmetischer Ausdruck aus Variablen und Konstanten mit unterschied-
lichem Typ (REAL und INTEGER) gebildet werden. Der Wert,
den der arithmetische Ausdruck liefert, darf sowohl
einer Variablen vom Typ INTEGER als auch einer Variablen
vom Typ REAL zugewiesen werden.

Für die 4 Grundrechenarten Addition, Subtraktion,
Multiplikation und Division werden die Sonderzeichen
+ - * / als Verknüpfungszeichen (Operatoren) verwendet,
für die Exponentiation zwei unmittelbar aufeinanderfolgende Multiplikationszeichen **. Ein arithmetischer
Ausdruck, in dem mehrere Operanden durch Verknüpfungszeichen miteinander verbunden sind, wird so reduziert,
daß jeweils zwei durch ein Verknüpfungszeichen miteinander verbundene Operanden zu einem Zwischenergebnis
zusammengefaßt werden. Welche zwei Operanden zuerst zusammengefaßt werden und welche später, hängt von der
Priorität der beteiligten Verknüpfungszeichen ab.

Es besitzen

    die Exponentiation   **   die höchste Priorität,

gefolgt von

    Multiplikation und   * / (untereinander gleichrangig)
    Division

und schließlich

    Addition und Sub-   + - (untereinander gleichrangig)
    traktion

Bei gleichrangigen Operationen (d.h. bei Multiplikation und Division und außerdem bei Addition und Subtraktion) wird der arithmetische Ausdruck von links nach rechts abgearbeitet. Will man eine von diesen festgelegten Prioritäten abweichende Auswertungsreihenfolge erzwingen, hat man entsprechend Klammern zu setzen, wozu die Sonderzeichen ( ) dienen.

Jedes Zwischenergebnis, das bei der Reduktion des arithmetischen Ausdrucks gebildet wird, besitzt neben einem Wert auch einen bestimmten Typ, der sich aus dem Typ der unmittelbar beteiligten Operanden ergibt. Da für die Variablen vom Typ INTEGER und REAL ein unterschiedlicher Zahlenbereich und eine unterschiedliche Genauigkeit der Zahlendarstellung gegeben ist - und damit auch für jedes Zwischenergebnis -, muß man bei der Angabe des arithmetischen Ausdrucks darauf achten, daß

1) der Zahlenbereich nicht verlassen wird [*] und
2) kein vermeidbarer Genauigkeitsverlust entsteht.

Das bisher Gesagte wollen wir an einem Beispiel nachvollziehen.

Beispiel 2.2

```
        BEGIN
          INTEGER J;
          REAL Z,X,D;
          J := 2;
          X := 4;
          D := 3;
          Z := 3.5*X/5**J+(X-6)*D;
            .
            .
            .
```

---

[*] Wenn für ein Zwischenergebnis vom Typ INTEGER der Zahlenbereich verlassen wird, erfolgt keine Fehlermeldung. Es wird mit dem falschen Zwischenergebnis weitergerechnet (Vergl. Lösung zu Aufgabe 2.1)

Mit h_1 bis h_6 wollen wir die Zwischenergebnisse bezeichnen, die bei der Auswertung des arithmetischen Ausdrucks

$$3.5*X/5**J+(X-6)*D$$

berechnet und zwischengespeichert werden. Da die Multiplikation und die Division gleichrangig sind, wird als erstes die links stehende Multiplikation durchgeführt

$$h_1 = 3.5*X$$

Die Hilfsvariable h_1 besitzt den Typ REAL und erhält den Wert 14,o zugewiesen. Der arithmetische Ausdruck ist jetzt auf

$$h_1/5**J+(X-6)*D$$

reduziert worden. Da die Exponentiation die höhere Priorität besitzt, wird als nächstes

$$h_2 = 5**J$$

berechnet. Das Zwischenergebnis h_2 hat den Typ INTEGER und den Wert 25, womit der arithmetische Ausdruck auf

$$h_1/h_2+(X-6)*D$$

reduziert ist. Da die Division gegenüber der Addition höhere Priorität besitzt, wird jetzt

$$h_3 = h_1/h_2$$
$$= 14,o/25 = 0,56$$

berechnet, wobei h_3 den Typ REAL zugeordnet bekommt, da h_1 ihn besitzt. Jetzt ist der arithmetische Ausdruck auf

$$h_3+(X-6)*D$$

reduziert. Auf Grund der Priorität zwischen Addition und Multiplikation ist jetzt

$$(X-6)*D$$

zu betrachten.

Wegen der Klammer ist zunächst

$$h_4 = X-6$$

zu bestimmen, wobei h_4 den Typ REAL (wegen X) und den Wert -2,o zugewiesen bekommt. Anschließend ist

$$h_5 = h_4 * D$$
$$= -6,o$$

auszuwerten, wobei h_5 den Typ REAL besitzt. Als letztes ist

$$h_6 = h_3 + h_5 = o,56-6,o$$
$$= - 5,44$$

zu berechnen, wobei h_6 den Typ REAL hat. Der Wert des arithmetischen Ausdrucks ist in der Hilfsvariablen h_6 zwischengespeichert. Da dieses Ergebnis denselben Typ wie die Variable Z auf der linken Seite des Zuweisungszeichens := besitzt, kann der Wert -5.44 unmittelbar auf den Speicherplatz mit dem Namen Z gespeichert werden. (Im Falle einer Zuweisung an eine INTEGER-Variable hätte noch eine Umwandlung vorgenommen werden müssen, s.u.).

Bei dem Beispiel 2.2 haben wir folgende allgemeine Regel benutzt:

> Sind beide beteiligten Operanden vom TYP INTEGER, so hat das Zwischenergebnis den Typ INTEGER. Ist mindestens einer der beiden Operanden vom Typ REAL, so hat das Zwischenergebnis den Typ REAL.

Von dieser Regel gibt es 2 wichtige Ausnahmen:

1) Das Zwischenergebnis einer Division (/) besitzt in jedem Fall den Typ REAL (d.h. 4/3 liefert das Ergebnis 1.333333).

Will man erzwingen, daß bei zwei Operanden vom Typ
INTEGER auch der Quotient diesen Typ besitzt, hat
man die sogenannte INTEGER-Division zu benutzen.
Sie wird durch 2 unmittelbar aufeinanderfolgende
Divisionszeichen (//) angegeben. Als zahlenmäßiges
Ergebnis erhält man die jeweils zu Null hin gerundete
ganze Zahl (d.h. 4//3 liefert den Wert 1 und (-4)//3
den Wert -1). Die INTEGER-Division ist nur für
Operanden vom Typ INTEGER definiert.

2) Haben bei einer Exponentiation sowohl die Basis als
auch die Hochzahl den Typ INTEGER, so ergibt sich bei
<u>negativem</u> Wert der Hochzahl ein Zwischenergebnis vom
Typ REAL. (Z.B. liefert 4**(-2) den Wert 1/(4*4)=0,0625.
Bei positivem Wert der Hochzahl besitzt das Zwischenergebnis den Typ INTEGER.

Die Exponentiation wird bei einer Hochzahl vom Typ
INTEGER auf die wiederholte Multiplikation zurückgeführt,
bei einer Hochzahl vom Typ REAL dagegen auf die Auswertung
von Logarithmus- und Exponentialfunktion. Dies hat zur
Folge, daß die Exponentiation für eine negative Basis und
eine Hochzahl vom Typ REAL auch dann nicht zulässig ist,
wenn die Hochzahl wertmäßig eine ganze Zahl darstellt.
So liefert z.B.

```
          (-5.)**3        das Ergebnis   -125.o,
aber      (-5.)**3.o      führt zu einer Fehlermeldung.
```

Bei der Zuweisung eines arithmetischen Ausdrucks an
eine Variable mit einem anderen Typ muß man den unterschiedlichen Zahlenbereich und die unterschiedliche Zahlendarstellung berücksichtigen:

Hat das Ergebnis des arithmetischen Ausdrucks den
Typ INTEGER, so kommt es bei der Wertzuweisung an eine
Variable vom Typ REAL zu einem Genauigkeitsverlust, wenn
das ganzzahlige Ergebnis mehr Ziffern enthält als in der
Mantisse der Variablen vom Typ REAL dargestellt werden können.

Besitzt andererseits das Ergebnis des arithmetischen Ausdrucks den Typ REAL, so wird bei der Wertzuweisung an eine Variable vom Typ INTEGER das Ergebnis um o,5 erhöht und dann unabhängig vom Vorzeichen auf eine ganze Zahl abgerundet. So liefert

        M := 10/6;

für die INTEGER-Variable M den Wert 2, da

        1o/6 = 1,66667 um o,5 erhöht den Wert 2,166667

ergibt, der dann auf 2 abgerundet wird.

<u>Aufgabe 2.1</u>

    Welche Werte besitzen die unten angegebenen Variablen nach Durchlaufen des folgenden Programmausschnittes ?

```
BEGIN
  INTEGER J,K,L,M,N,P;
  REAL A,B,C;
  J := 1;
  K := 1234567890;
  A := K/J;
  L := K/J-50;
  M := K//J-50;
  N := B+K-50-K;
  P := K-50-K+B;
  B := K*5;
  C := K*5.;
  ...
```

Hinweis: Man beachte die im Anhang A angegebene interne
          Zahlendarstellung.

3 Steuerung des Programmablaufs;
logische Größen, Vektoren und Matrizen

Den bisher angegebenen Programmbeispielen lag eine sehr einfache Struktur zugrunde: Nach der Deklaration der benutzten Variablen wurden ein oder mehrere Werte berechnet und ausgedruckt. Anschließend konnte das Programm beendet werden. Der Vorzug einer Rechenanlage kommt aber erst dadurch zum Tragen, daß Programmverzweigungen in Abhängigkeit von errechneten Werten möglich sind. Damit verbunden ist das wiederholte Durchlaufen von Schleifen. In diesem Abschnitt wollen wir uns den verschiedenen Schleifenformen zuwenden, wie sie in der Sprache SIMULA beschrieben werden können. Wir wollen sie an Hand der folgenden Aufgabe darstellen:

<u>Beispiel 3.1</u>

Es ist die Funktion

$$y = 0{,}3x^2 + 0{,}25x - 1$$

im Intervall von -3 bis +2,4 in Schritten von 0,2 zu berechnen. Die Werte sind in Form einer Wertetabelle auszudrucken.

Als erste Lösung wollen wir das Programm mit einer Abfrage und einem Rücksprung angeben und anschließend erläutern.

```
BEGIN
   REAL X,Y;
   X := -3;
BER: Y := 0.3*X**2+0.25*X-1;
   OUTFIX(X,6,20); OUTFIX(Y,6,20); OUTIMAGE;
   X := X+0.2;
   IF X <= 2.4 THEN GOTO BER;
END#
```

Nach der Deklaration der Variablen X und Y wird der
Variablen X der Wert -3 zugewiesen. Anschließend wird der
Wert der Funktion y an der Stelle x=-3 berechnet, der
Variablen Y zugewiesen und gemeinsam mit dem Wert X ausge-
druckt. Dann kommt die Anweisung

        X := X+0.2;

Sie ist folgendermaßen zu interpretieren: Der arithmetische
Ausdruck auf der rechten Seite des Zuweisungszeichens,
nämlich X+0.2 ist auszuworten. Da die Variable X den
Wert -3 besitzt, ergibt sich für den arithmetischen Ausdruck der Wert -2,8. Dieser Wert ist nun der Variablen X
zuzuweisen. Der alte Wert von X (=-3) ist damit durch den
neuen Wert (=-2,8) überschrieben.
Man sagt auch:

    Durch die Anweisung

        X := X+0.2;

wird der Inhalt von X um 0,2 erhöht.

Für den neuen Wert von X ist die Funktion y wiederum zu
berechnen und ihr Wert gemeinsam mit dem Wert von X auszudrucken. Wir müssen deshalb nach der Erhöhung von X zur
Berechnung des Funktionswertes zurückverzweigen. Dies wird
dadurch erreicht, daß wir vor der Anweisung zur Berechnung
des Funktionswertes eine Marke setzen (in unserem Beispiel
willkürlich BER genannt) und nach der Erhöhung von X durch
die Anweisung

        GOTO BER;

zu dieser Marke zurückverzweigen. Da die Funktion y aber
nur bis zu der oberen Intervallgrenze 2,4 berechnet werden
soll, darf der Rücksprung nur solange ausgeführt werden,
wie der Wert von X noch kleiner oder gleich 2,4 ist. Wir
haben deshalb statt des "unbedingten Sprungs" GOTO BER;
die bedingte Anweisung

        IF X <= 2.4 THEN GOTO BER;

anzugeben. Die Anweisung GOTO BER; wird jetzt nur dann

ausgeführt, wenn die Bedingung

      "X ist kleiner oder gleich 2,4"

noch erfüllt ist. Im anderen Fall wird das Programm mit
der Anweisung fortgesetzt, die der bedingten Anweisung
folgt. In unserem Beispiel wird das Programm mit END#
beendet.

Für die Festlegung von Namen für Marken gilt das gleiche
wie für Variablennamen: Das erste Zeichen muß ein Buchstabe
sein, dann dürfen Ziffern und Buchstaben folgen. Dabei muß
der Name einer Marke von allen anderen Namen für Variable
und von allen festgelegten Schlüsselwörtern verschieden sein.
Die Marke wird durch einen Doppelpunkt (:) von der nachfolgenden Anweisung getrennt.

Die bedingte Anweisung haben wir in der speziellen Verbindung mit einem Rücksprung kennengelernt. Allgemein hat
die bedingte Anweisung die Form

      IF 1A THEN s;

Dabei steht 1A für einen logischen Ausdruck, der den
Wert "wahr" oder "falsch" besitzen kann, und s für eine
Anweisung ("statement"). Hat der logische Ausdruck 1A den
Wert "wahr", so wird die Anweisung s ausgeführt, hat er
dagegen den Wert "falsch", so wird das Programm mit dem
auf die bedingte Anweisung folgenden Statement fortgesetzt.

In unserem Beispiel 3.1 beruhte der logische Ausdruck
auf einem Vergleich zwischen einer Variablen und einer
Konstanten. Allgemein darf bei einem Vergleich auf beiden
Seiten des Vergleichsoperators ein arithemtischer Ausdruck stehen. Besitzen die arithmetischen Ausdrücke einen
unterschiedlichen Typ, so wird das ganzzahlige Ergebnis
in eine Zahl vom Typ REAL umgewandelt und dann der Vergleich
zwischen beiden Größen vom Typ REAL durchgeführt (hierbei
muß man die unterschiedliche Zahlendarstellung berücksichtigen).

Als Vergleichsoperatoren zwischen arithmetischen
Ausdrücken sind folgende Zeichen vorgesehen

Zeichen SIMULA	Bedeutung
<	kleiner
<=	kleiner oder gleich
>	größer
>=	größer oder gleich
=	gleich
/=	ungleich

Dabei liefert ein Vergleich

$$a_1 < a_2$$

zwischen zwei arithmetischen Ausdrücken a_1 und a_2 den
Wert wahr, wenn a_1 kleiner ist als a_2, und sonst den
Wert falsch. Die Vergleiche mit den übrigen Vergleichs-
operatoren liefern entsprechende Werte.

Will man das Ergebnis eines Vergleichs zwischen zwei
arithmetischen Ausdrücken in einer Variablen speichern,
so muß man für diese Variable den Typ BOOLEAN vereinbaren.
Wieder muß die Deklaration zu Beginn des Programms vorgenommen werden. Durch die Deklaration von Variablen mit
dem Typ BOOLEAN geschieht dreierlei:

1) Bereitstellung von Speicherplätzen und gleichzeitig
   Festlegung der gewünschten Namen für diese Speicherplätze

2) Festlegung des Typs der Variablen (BOOLEAN)

3) Vorbesetzung der Speicherplätze mit dem logischen
   Wert falsch

Den Variablen vom Typ BOOLEAN kann man im Verlauf des
Programms logische Werte zuweisen. Auf der rechten Seite
des Zuweisungszeichens (:=) kann dabei

- ein Vergleich zwischen zwei arithmetischen Ausdrücken
  stehen, wie wir ihn oben kennenlernten, oder

- eine logische Konstante, d.h. entweder

  > TRUE für "wahr" oder
  > FALSE für "falsch"

- oder ein logischer Ausdruck, der aus anderen logischen
  Größen gebildet wird.

Ein logischer Ausdruck - oder boolescher Ausdruck, wie man
ihn auch nennt - wird dabei aus logischen Größen mit Hilfe
der Verknüpfungen

> AND   für das logische _und_
> OR   für das logische _oder_
> NOT   für die _Verneinung_

gebildet. Man kann zusätzlich Klammerpaare setzen, um die
Auswertungsreihenfolge des logischen Ausdrucks festzulegen.

<u>Beispiel 3.2</u>

```
      BEGIN
        BOOLEAN A,B;
        REAL X,Z;
        ....
        A := Z >= 0.3*X**2*0.25*X-1;
        B := A AND Z <= 1;
        ....
```

Die Variable B vom Typ BOOLEAN besitzt in dem schraffierten
Bereich einschließlich der Grenzen den Wert TRUE und außerhalb den Wert FALSE.

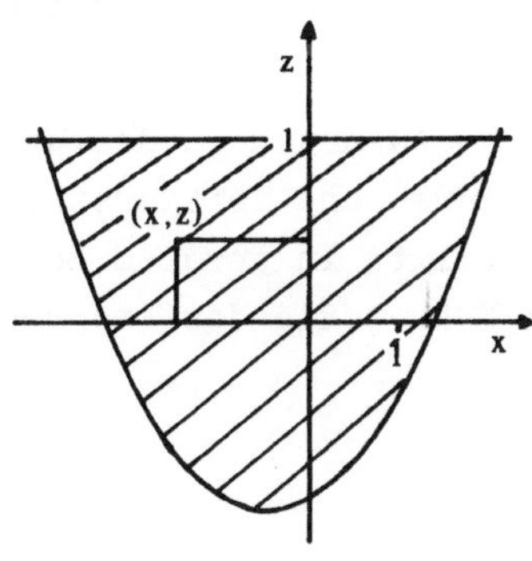

- 18 -

Nach diesem Einschub über den Umgang mit logischen
Ausdrücken wollen wir uns der nächsten Möglichkeit zur
Programmierung von Schleifen zuwenden.

Es ist dies die sogenannte WHILE-Schleife. Sie hat folgenden allgemeinen Aufbau:

WHILE 1A DO s;

und man kann diese Anweisung sinngemäß so umschreiben:

Wenn und solange der logische Ausdruck 1A den
Wert "wahr" ergibt, soll die Anweisung s ausgeführt werden.

Dabei braucht die Anweisung s nicht aus einem einzigen
Statement zu bestehen; vielmehr kann man eine Folge von
Anweisungen durch BEGIN und END zu einer neuen Einheit
verklammern. Man spricht dann von einer "zusammenge-
setzten Anweisung" oder einem "compound statement".
Man kann ganz allgemein für die Sprache SIMULA sagen:

Überall dort, wo formal eine einzelne Anweisung angegeben werden kann, darf auch eine zusammengesetzte Anweisung auftreten, d.h. eine Folge von Anweisungen, die
durch BEGIN und END verklammert ist.

Wichtig für die Beendigung der WHILE-Schleife ist,
daß der logische Ausdruck 1A innerhalb der Schleife
verändert wird. Vor jedem einzelnen - auch dem ersten ! -
Durchlaufen der einzelnen Anweisungen innerhalb der
Schleife wird als erstes der logische Ausdruck 1A ausgewertet und geprüft, ob er den Wert TRUE liefert. Ist dies
der Fall, werden alle Befehle der zusammengesetzten Anweisung s ausgeführt und anschließend erneut der logische
Ausdruck 1A ausgewertet.

Liefert der logische Ausdruck 1A den Wert FALSE, wird
das Programm mit der Anweisung fortgesetzt, die dem
compound statement s folgt. In unserem Beispiel-Programm
ist es die Anweisung END; , die das Programm beendet.

```
BEGIN
  REAL X,Y;
  X := -3;
  WHILE X <= 2.4 DO
  BEGIN
    Y := 0.3*X**2+0.25*X-1;
    OUTFIX(X,6,20); OUTFIX(Y,6,20); OUTIMAGE;
    X := X+0.2;
  END;
END#
```

Als dritte Möglichkeit zur Steuerung von Schleifen
wollen wir nun die FOR-Anweisung kennenlernen. Sie besitzt verschiedene Formen, von denen wir hier die Form

     FOR l := a STEP i UNTIL e DO s;

benutzen wollen.

Dabei stehen die Buchstaben

	l	für die Laufvariable
	a	für den Anfangswert
	i	für die Schrittweite ("Inkrement")
	e	für den Endwert
und	s	für die Anweisung oder die zusammengesetzte Anweisung, die entsprechend oft durchlaufen werden soll.

Die Laufvariable l kann den Typ INTEGER oder REAL besitzen. Für den Anfangswert a, das Inkrement i und den
Endwert e sind arithmetische Ausdrücke zugelassen, die bei
jedem Schleifendurchlauf neu berechnet werden.*)
Die Ausführung der FOR-Schleife wird in folgender Reihenfolge vorgenommen:

1) Die Laufvariable l erhält den Anfangswert a zugewiesen.

---

*) Dies ist für die Ausführung des Programms sehr aufwendig;
   deshalb werden von einigen Compilern die arithmetischen
   Ausdrücke a, i und e einmal vor dem ersten Durchlaufen
   der Schleife ausgewertet. Man darf dann die Laufvariable l,
   die Grenzen a und e sowie das Inkrement i innerhalb der
   Schleife nicht verändern.

2) Es wird geprüft, ob die Laufvariable l den
   Endwert e überschritten hat.

   a) Hat die Laufvariable l den Endwert e über-
      schritten, wird das Programm mit der auf
      die Schleife folgenden Anweisung fortgesetzt.
   b) Hat die Laufvariable l den Endwert e noch
      nicht überschritten, wird die Anweisung s
      (eventuell die zusammengesetzte Anweisung s)
      ausgeführt.

3) Die Laufvariable l wird um die Schrittweite i
   erhöht, und es wird zu Punkt 2) zurückverzweigt.

<u>Beispiel 3.3</u>

```
BEGIN
REAL Z; INTEGER K;
   .
   .
   .
Z := 0;
FOR K := 1 STEP 1 UNTIL 10 DO
  Z := Z+K;
   .
   .
   .
```

Zunächst wird die Laufvariable K auf den Anfangswert 1
gesetzt. Da K den Endwert 10 noch nicht überschritten hat,
wird die Anweisung

```
Z := Z+K;
```

ausgeführt, womit die Variable Z den Wert 1 zugewiesen bekommt. Anschließend wird die Laufvariable K um das Inkrement 1
erhöht, besitzt also nun den Wert 2. Da K hiermit den Endwert 10 noch nicht überschreitet, wird die Anweisung

```
Z := Z+K;
```

erneut ausgeführt, wodurch der Variablen Z nun der Wert 1+2=3
zugewiesen wird, usw. Nach der Abarbeitung der gesamten
Schleife besitzt Z den Wert 55 = 1+2+3+...+9+10.

Wir haben bisher so getan, als ob der Endwert e
immer größer ist als der Anfangswert a. Dies muß
nicht der Fall sein, da für die Größen a, i und e
arithmetische Ausdrücke zugelassen sind, die auch
negativ sein können. So hätte in dem Beispiel 3.3
die Schleife auch lauten können

```
Z := 0;
FOR K := 10 STEP -1 UNTIL 1 DO
   Z := Z+K;
```

Auch in diesem Fall besitzt die Variable Z nach Durchlaufen der Schleife den Wert 55 = 10+9+8+...+2+1.

Mit der FOR-Schleife kann man die Berechnung des
Polynoms

$$y = 0,3x^2 + 0,25x - 1$$

im Intervall von -3 bis 2,4 mit einer Schrittweite
von 0,2 folgendermaßen angeben

```
BEGIN
   REAL X,Y;
   FOR X := -3 STEP 0.2 UNTIL 2.4 DO
   BEGIN
     Y := 0.3*X**2+0.25*X-1;
     OUTFIX(X,6,20); OUTFIX(Y,6,20); OUTIMAGE;
   END;
END#
```

Da die einzelnen Polynomwerte Y nicht nur berechnet,
sondern gemeinsam mit dem Argument X ausgedruckt werden
sollten, mußten wir die Anweisung zur Berechnung von
Y und die Ausgabeanweisungen mit Hilfe der Schlüsselwörter
BEGIN und END zu einer "zusammengesetzten Anweisung" verklammern. Diese zusammengesetzte Anweisung wird nun für
X = -3, -2,8, usw. bis 2,4 durchlaufen.

Aufgabe 3.1

Bitte stellen Sie die FOR-Schleife

FOR l := a STEP i UNTIL e DO s;

a) als WHILE-Schleife
b) als IF-Schleife dar.

Hinweis: Bitte beachten Sie, daß die Schrittweite i
negativ sein kann.

Die in diesem Abschnitt immer wieder betrachtete Funktion

$$y = 0{,}3x^2 + 0{,}25\ x - 1$$

ist ein spezielles Polynom zweiten Grades. Allgemein haben
Polynome die Form

$$y = \sum_{j=0}^{n} a_j x^j$$

$$= a_0 + a_1 x + a_2 x^2 + \ldots + a_{n-1} x^{n-1} + a_n x^n$$

wobei n der Grad des Polynoms genannt wird, wenn der
Koeffizient a_n von Null verschieden ist.

Die Koeffizienten $a_0, a_1, \ldots, a_n$ kann man zu einem Vektor,
dem sog. Koeffizientenvektor

$$A = (a_0, a_1, \ldots, a_n)$$

zusammenfassen. Offensichtlich ist durch ihn das Polynom y
festgelegt.

In der Rechenanlage kann man sich für einen Vektor
einen Speicherplatzbereich mit Hilfe einer Deklarationsanweisung
bereitstellen lassen. Man hat hierzu nach den Schlüsselwörtern

        INTEGER ARRAY
oder   REAL ARRAY
oder   BOOLEAN ARRAY

den Namen des Vektors und dann in Klammern die Grenzen
für den Index anzugeben.

So wird z.B. durch die Deklaration

       REAL ARRAY A(0:10);

ein Bereich von elf Speicherplätzen bereitgestellt.

Wie schon früher bei Deklarationen beschrieben, geschieht bei der Deklaration eines Vektors:

1) Bereitstellung eines Bereichs von Speicherplätzen unter gleichzeitiger Festlegung des Namens für diesen Bereich (Vektornamen)

2) Festlegung des Typs für alle Speicherplätze dieses Bereichs

3) Vorbesetzung aller Speicherplätze dieses Bereichs (mit dem Wert Null für INTEGER und REAL und mit dem Wert FALSE für BOOLEAN)

Darüberhinaus wird

4) festgehalten, in welchen Grenzen sich der Index bewegen darf (dabei sind auch negative Grenzen erlaubt).

Mit dem letzteren ist folgendes gemeint:
Nach der Deklaration

       REAL ARRAY A(0:10);

können die einzelnen Komponenten des Vektors A im weiteren Programmablauf durch A(i) aufgerufen werden, wobei der Index i innerhalb der angegebenen Grenzen liegen muß, d.h. i muß zwischen o und 1o liegen ($0 \leqslant i \leqslant 1o$). Liegt der Index i außerhalb der angegebenen Grenzen, wird das Programm mit einer Fehlermeldung abgebrochen.

In der Regel wird man für den Index i eine ganze Zahl bzw. eine Variable vom Typ INTEGER angeben. Es ist aber erlaubt, als Index einen beliebigen arithmetischen Ausdruck vom Typ INTEGER oder REAL zu verwenden.

Der arithmetische Ausdruck wird ausgewertet und einer Hilfsvariablen vom Typ INTEGER zugewiesen. Der Wert dieser Hilfsvariablen muß innerhalb der angegebenen Indexgrenzen des Vektors liegen. Z.B. erfolgt mit der Anweisung

    A(13/5-2) := 2.3;

eine Wertzuweisung an die zweite Komponente A(1) des Vektors A, da der arithmetische Ausdruck 13/5-2 vom Typ REAL ist und den Wert 0,6 ergibt, der bei der Zuweisung an die Hilfsvariable vom Typ INTEGER den Wert 1 liefert. Dagegen liefert

    A(13/6-2) := 2.3;

eine Wertzuweisung an die erste Komponente A(0) des Vektors A.

Nachdem wir die Deklaration und die Benutzung von Vektoren kennengelernt haben, wollen wir zu der Berechnung eines Polynoms in der allgemeinen Form zurückkehren. Um die Berechnung möglichst effektiv zu gestalten, wollen wir das Polynom etwas umformen, d.h. wir schreiben das Polynom in umgekehrter Reihenfolge auf und klammern dann möglichst viele Faktoren x aus:

$$y = \sum_{j=0}^{n} a_j x^j$$

$$= a_n x^n + a_{n-1} x^{n-1} + \ldots + a_1 x + a_0$$

$$= (\ldots((a_n x + a_{n-1})x + a_{n-2})x + \ldots + a_1)x + a_0$$

Wir setzen nacheinander:

$$t_n = a_n$$

$$t_{n-1} = a_n x + a_{n-1} \qquad\qquad = t_n x + a_{n-1}$$

$$t_{n-2} = (a_n x + a_{n-1})x + a_{n-2} \qquad\qquad = t_{n-1} x + a_{n-2}$$

$$\vdots \qquad\qquad\qquad\qquad\qquad\qquad \vdots$$

$$t_1 = (..((a_n x + a_{n-1})x + a_{n-2})x + ... + a_2)x + a_1 \qquad = t_2 \cdot x + a_1$$

$$t_0 = (..((a_n x + a_{n-1})x + a_{n-2})x + ... + a_2)x + a_1)x + a_0 = t_1 \cdot x + a_0$$

Setzt man nun noch $t_{n+1} = 0$, so ergibt sich als Rekursionsformel *)

$$t_j = t_{j+1} x + a_j \quad \text{für } j = n, n-1, ..., 0$$

Man braucht also zur Berechnung jedes nachfolgenden
t-Wertes nur den unmittelbar vorher gefundenen zu berücksichtigen. Dadurch kommt man mit einem Speicherplatz für t aus. Außerdem sieht man, daß t_0 gerade den zu
berechnenden Polynomwert y darstellt.

---

*) Diese Vorschrift zur Berechnung des Polynomwertes
   ist unter dem Namen "Horner-Schema" bekannt.

Der entsprechende Ausschnitt zur Polynom-Berechnung
lautet nun:

```
BEGIN
   REAL X,T,Y;
   REAL ARRAY A(0:10);
   INTEGER J,N;
        |   Die Variablen X,N,A(0),...,A(N)  mit 0 ≤ N ≤ 10
        |   erhalten Werte zugewiesen
        |
   T := 0;
   FOR J := N STEP -1 UNTIL 0 DO
     T := T*X+A(J);
   Y := T;
     .
     .
     .
END#
```

<u>Aufgabe 3.2</u>

Bitte berechnen Sie das Polynom

$$y = 0,3x^2+0,25x-1$$

in der oben erläuterten allgemeinen Form
("Horner Schema") im Intervall von -3 bis
2,4 mit einer Schrittweite von 0,2.
Auszugeben sind x und y.

Besitzen zwei oder mehr Vektoren desselben Typs dieselben Grenzen, so kann man die Angabe für die Grenzen
für alle Vektoren gemeinsam machen. Man hat hierzu nach
der Auflistung der Namen die Grenzen in Klammern anzugeben.
So werden durch die Deklarationsanweisung

```
INTEGER ARRAY A,B,C,D(-2:6);
```

für vier Vektoren A,B,C und D je 9 Speicherplätze reserviert, die mit A(-2), A(-1),...,A(6) usw. aufgerufen
werden können. Sind die Grenzen unterschiedlich,

müssen sie erneut angegeben werden. So stehen nach der
Anweisung

REAL ARRAY A1,B1(-2:6),E1,F1,G1(10:20);

zwei Vektoren A1 und B1 zur Verfügung, deren Indizes
von -2 bis 6 variieren dürfen, und drei Vektoren E1,
F1 und G1, deren Indizes von 1o bis 2o reichen.

Werden mehrdimensionale Matrizen anstelle der ein-
dimensionalen Vektoren benötigt, so sind die Grenzen,
in denen der Index variieren darf, für jede Dimension
gesondert anzugeben. Die einzelnen Grenzpaare sind durch
Komma voneinander zu trennen. So stellt z.B. die Anweisung

REAL ARRAY A2(0:4,2:8,1:10);

eine Deklaration einer dreidimensionalen Matrix dar,
deren erster Index von 0 bis 4 variieren darf, der zweite
von 2 bis 8 und der dritte von 1 bis 10. Die Matrix A2
besitzt also 5*7*10=350 Elemente, die man einzeln durch
entsprechende Wahl der Indizes aufrufen kann. Dabei sind
die einzelnen Indizes durch ein Komma voneinander zu
trennen (z.B. A2(2,7,9)).

4. Eingabe von Datenkarten, Ausgabe auf dem Drucker

Bei den bisherigen Programmbeispielen wurden den
Variablen explizit Werte zugewiesen. Damit waren un-
sere Programme auf die vorgegebenen Werte festgelegt:
Eine Änderung dieser Werte hätte eine Änderung des
Programms bedeutet. In vielen Fällen möchte man aber
einen Lösungsweg so angeben, daß das Programm ohne
Änderung auf verschiedene Werte von Variablen anwend-
bar ist. Man kann dies erreichen, indem man die Werte
für die Variablen auf gesonderten "Datenkarten" ab-
locht und die Datenkarten von einem Programmlauf zum
nächsten verändert.

In diesem Zusammenhang stellen sich eine Reihe von
Fragen, die im ersten Teil dieses Abschnitts behandelt
werden sollen:

- Wo sind die Datenkarten einzufügen?
- Wie sind die einzelnen Werte auf den Daten-
  karten abzulochen?
- Wie lauten die Anweisungen im Programm zum
  Lesen der einzelnen Werte?
- Wie geschieht die Zuordnung eines Wertes von
  einer Datenkarte zu einer Variablen im Programm?

Für die einzelnen Rechenanlagen und die jeweils benutzten Compiler kann es unterschiedlich sein, an
welcher Stelle die Datenkarten eingefügt werden müssen
und ob noch weitere "Steuerkarten" erforderlich sind.
Bei der uns zur Verfügung stehenden Rechenanlage sind
die Datenkarten nach der Anweisung END# einzufügen,
d.h. also unmittelbar im Anschluß an die Programmkarten.
Man hat damit folgenden prinzipiellen Aufbau:

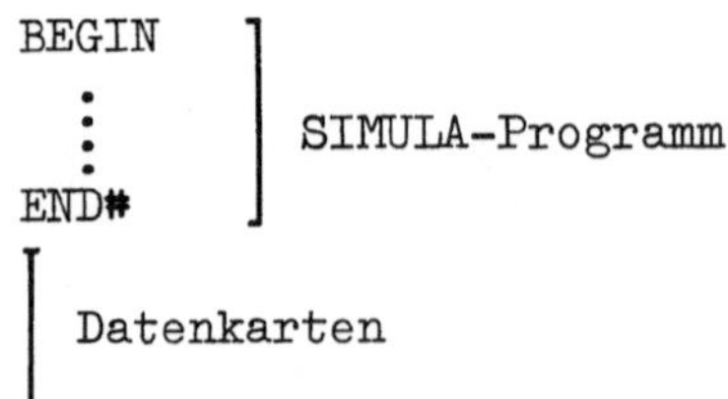

Auf die letzte Datenkarte folgt bei allen Rechenanlagen
eine Steuerkarte ("Job-Control-Karte"), die das Ende
der Datenkarten anzeigt.

Wir wollen uns nun der zweiten Frage zuwenden, wie
die einzelnen Werte auf den Datenkarten abzulochen sind.
Eine ganze Zahl, d.h. eine Konstante mit dem Typ INTEGER
wird auf der Datenkarte mit ihrer Ziffernfolge abgelocht,
wobei innerhalb der Ziffernfolge kein Leerzeichen eingefügt werden darf. Handelt es sich um eine negative ganze
Zahl, ist als Vorzeichen das Subtraktionszeichen (-) abzulochen, bei einer positiven ganzen Zahl darf das Plus-
zeichen (+) entfallen. Die Zahl Null ist durch die Ziffer 0
anzugeben. Als Abschluß der Zahl muß mindestens ein Leerzeichen folgen. Beispiele für die Angabe von Werten auf
der Datenkarte sind:

    -278   183   +89

Der Wert einer ganzen Zahl auf der Datenkarte muß in dem
zulässigen Zahlenbereich liegen. Ist dies nicht der Fall,
wird die größte darstellbare Zahl mit dem angegebenen
Vorzeichen angenommen (vergl. Anhang A).

Eine Zahl vom Typ REAL kann auf verschiedene Weise auf
einer Datenkarte angegeben werden:

- als ganze Zahl
- als Zahl mit einem Dezimalpunkt
- als Zahl mit einem Exponenten

Beispiele für die beiden ersten Formen sind:

    +12   - 13   5.48   3.   -.07   0.

Wird die letzte Form gewählt, muß unmittelbar an die Mantisse
das Zeichen ⓐ für die Basis 1o anschließen. So ist beispielsweise

    +0.3ⓐ - 4

eine zulässige Angabe auf der Datenkarte und meint den
Wert $+0,3 \cdot 10^{-4}$. Alternativ hätte man auch schreiben können:

    3.ⓐ -5   oder   3ⓐ -5   oder 0.00003

Fehlt die Ziffernfolge der Mantisse und wird nur der Exponententeil einschließlich des Zeichens @ angegeben, wird die entsprechende Zehnerpotenz als Wert angenommen, d.h.

@2

stellt den Wert $1oo = 10^2$ dar. Liegt der Absolutbetrag oberhalb des zulässigen Zahlenbereichs, wird die größte darstellbare Zahl mit dem angegebenen Vorzeichen angenommen; ist der Absolutbetrag kleiner als die betragsmäßig kleinste darstellbare Zahl, wird die Zahl Null angenommen.

Eine Zahl vom Typ REAL wird dadurch abgeschlossen, daß entweder auf die Ziffernfolge der Mantisse ein Leerzeichen folgt oder nach dem Exponententeil ein Leerzeichen eingegeben wird. Nach dieser Regel wird beispielsweise

+0.578 @ -2

nicht als Zahl $0{,}578 \cdot 10^{-2}$ interpretiert, sondern als die Angabe zweier Zahlen, nämlich

$0{,}578$ und $0{,}01 = 10^{-2}$.

Die erste Datenkarte, d.h. die Karte, die der Anweisung END# unmittelbar folgt, wird durch die Anweisung

INIMAGE;

gelesen. Ihr Inhalt wird in einen Pufferbereich mit dem Namen SYSIN.IMAGE übertragen. Dabei entsprechen den 8o Spalten der Datenkarte 8o Bytes des Eingabepuffers.

Aus diesem Eingabepuffer SYSIN.IMAGE wird für eine Variable v ein ganzzahliger Wert gelesen, wenn im Programmablauf eine Wertzuweisung in der Form

v := ININT;

angegeben ist. Dabei ist ININT ein vorgegebenes Schlüsselwort, das das Lesen bewirkt und den gelesenen ganzzahligen Wert auf einem Speicherplatz mit gleichem Namen und dem vorgegebenen Typ INTEGER bereitstellt.

Analog wird durch

        v := INREAL;

ein Zahlenwert mit dem Typ REAL aus dem Eingabepuffer
SYSIN.IMAGE gelesen und der Variablen v durch die Wert-
zuweisung übergeben. Dabei ist INREAL ein vorgegebenes
Schlüsselwort, durch dessen Angabe im Programm der Lesevor-
gang ausgelöst und der gelesene reelle Wert auf einem
Speicherplatz mit gleichem Namen und dem vorgegebenen Typ
REAL bereitgestellt wird.[*)]

Die Variable v darf bei den Wertzuweisungen

        v := ININT;
        v := INREAL;

sowohl den Typ INTEGER als auch den Typ REAL besitzen. Dabei
kann eine Typumwandlung des auf der rechten Seite geliefer-
ten Wertes erforderlich werden. In diesem Fall ist zu beachten, daß ein Genauigkeitsverlust eintreten kann oder der
zulässige Zahlenbereich verlassen wird (vergl. Abschnitt 2).

Um zu ermöglichen, daß auf einer Datenkarte mehrere Zahlen
abgelocht werden können, wird für den Eingabepuffer ein Zeiger
("Pointer") mitgeführt, dessen Wert bei jeder Anweisung
INIMAGE; und bei jedem Lesen aus dem Eingabepuffer verändert
wird. So verweist der Zeiger nach einer Übertragung einer
Datenkarte in den Eingabepuffer (d.h. nach der Anweisung
INIMAGE;) auf das erste Byte von dem Puffer SYSIN.IMAGE.

Beim Lesen eines Wertes aus dem Puffer - d.h. bei ININT
oder INREAL - wird der Pointer so lange nach "rechts" ge-
rückt, bis eine Zahl gefunden und aus dem Puffer übertragen
ist. Nach dem Lesevorgang verweist der Zeiger auf das erste
Leerzeichen, das der gerade gelesenen Zahl folgt. Beim nun
folgenden Lesevorgang - d.h. bei einem erneuten ININT oder
INREAL - wird der Zeiger, ausgehend von der eben erreichten
Position, nach rechts weitergerückt, bis die zweite Zahl gefunden und gelesen ist.

---

*) Im Abschnitt 7 wird erläutert, daß es sich bei ININT und
   INREAL um vorgegebene Unterprogramme handelt; damit dürfen
   die Namen ININT und INREAL nicht im Benutzerprogramm deklariert werden.

Anschließend zeigt der Pointer auf das erste Leerzeichen
nach der zweiten Zahl usw. Erst bei dem Übertragen einer
weiteren Datenkarte - d.h. bei der Anweisung INIMAGE; -
wird der Zeiger wieder auf die Position 1 zurückgesetzt.
Der alte Inhalt des Eingabepuffers ist jetzt durch den
Inhalt der zweiten Datenkarte überschrieben. Wir wollen uns
den Sachverhalt an einem Beispiel verdeutlichen, wobei wir
rechts neben die Anweisungen kurze Erläuterungen anfügen.

<u>Beispiel 4.1</u>

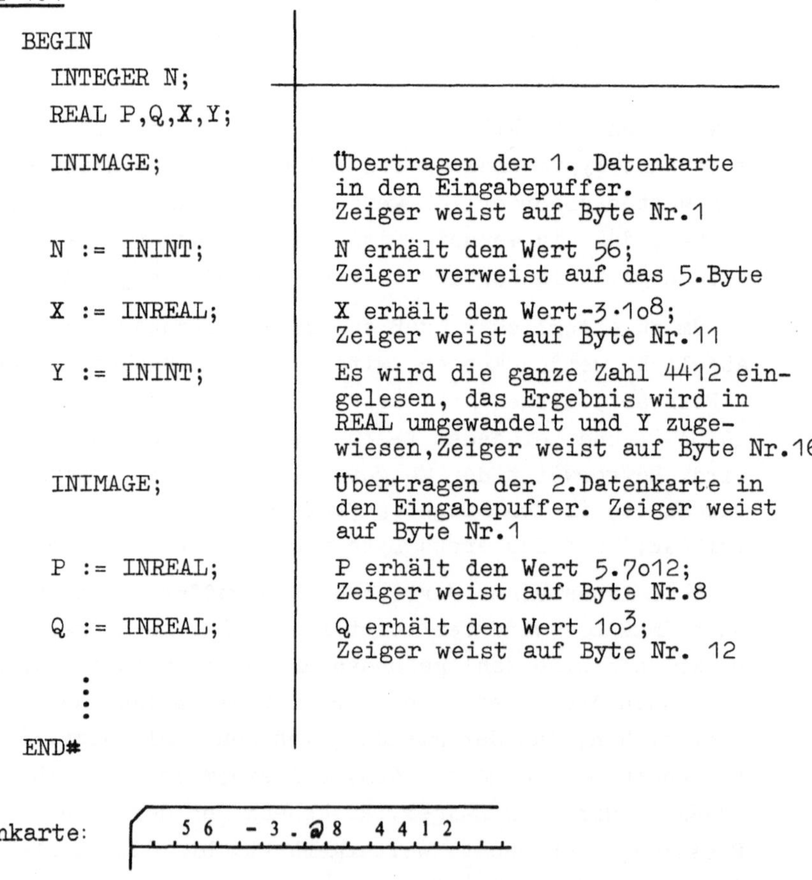

BEGIN	
INTEGER N;	
REAL P,Q,X,Y;	
INIMAGE;	Übertragen der 1. Datenkarte in den Eingabepuffer. Zeiger weist auf Byte Nr.1
N := ININT;	N erhält den Wert 56; Zeiger verweist auf das 5.Byte
X := INREAL;	X erhält den Wert $-3 \cdot 10^8$; Zeiger weist auf Byte Nr.11
Y := ININT;	Es wird die ganze Zahl 4412 eingelesen, das Ergebnis wird in REAL umgewandelt und Y zugewiesen,Zeiger weist auf Byte Nr.16
INIMAGE;	Übertragen der 2.Datenkarte in den Eingabepuffer. Zeiger weist auf Byte Nr.1
P := INREAL;	P erhält den Wert 5.7o12; Zeiger weist auf Byte Nr.8
Q := INREAL;	Q erhält den Wert 10^3; Zeiger weist auf Byte Nr. 12
⋮	
END#	

1. Datenkarte: `5 6   - 3 . 𝕒 8   4 4 1 2`

2. Datenkarte: `+ 5 . 7 0 1 2   𝕒   3     6 5 3`

Man beachte, daß für die Variable P der Wert 5.7012 von
der 2. Datenkarte gelesen wird und nicht etwa $5.7012 \cdot 10^3$,
weil auf die Ziffernfolge 5.7012 ein Leerzeichen folgt und
damit das Lesen des Wertes für die Variable P abgeschlossen
wird. Da nun der Zeiger auf die Position 8 verweist, wird
für Q der Wert 10^3 gelesen. Die letzte Zahleneingabe (653)
wird nicht mehr beachtet, da keine weitere Anweisung zum
Lesen (INREAL oder ININT) erfolgt.

Den Wert des Zeigers kann man durch eine entsprechende
Anweisung verändern. Die allgemeine Form hierzu lautet

    SYSIN.SETPOS(n);

wobei n im allgemeinen für einen arithmetischen Ausdruck
steht, dessen Wert die gewünschte Position des Eingabepuffers angibt. Natürlich muß der Wert des arithmetischen
Ausdrucks zwischen 1 und 8o liegen. Da der Wert von n sowohl
kleiner als auch größer als der augenblickliche Wert des
Zeigers sein darf, kann man damit den Pointer sowohl rückwärts als auch vorwärts verschieben. Bei einer nachfolgenden Anweisung INREAL oder ININT wird der Lesevorgang von der
neu angegebenen Position gestartet. Hätte man z.B. vor der
Anweisung

    Q := INREAL;

des Beispiels 4.1 die Anweisung

    SYSIN.SETPOS(12);

angegeben, wäre für Q der Wert von der 12. Spalte an gelesen
worden, d.h. die Variable Q hätte den Wert 653 erhalten.
Übrigens braucht der Zeiger nicht auf ein Leerzeichen gesetzt zu werden. So führen die beiden Anweisungen

    SYSIN.SETPOS(4);
    Q := INREAL;

im Beispiel 4.1 (im Anschluß an die Anweisung P := INREAL;)
dazu, daß der Variablen Q der Wert 7012 übergeben wird.

Aufgabe 4.1

Es soll die Wertetabelle für ein Polynom $y = \sum\limits_{i=o}^{n} a_i x^i$ in einem Intervall berechnet und ausgedruckt werden. Der Polynomgrad n und die Koeffizienten $a_o,\ldots,a_n$ sollen auf der ersten Datenkarte und die Intervallgrenzen sowie die Schrittweite auf der zweiten Datenkarte abgelocht werden.

Als Beispiel wähle man das Polynom 4.Grades, das die Funktion $\ln(1+x)$ im Intervall von 0 bis 1 bis auf einen Fehler von höchstens 10^{-4} annähert und das die Koeffizienten

$$a_o = 0$$
$$a_1 = 0{,}9974442$$
$$a_2 = -0{,}4712839$$
$$a_3 = 0{,}2256685$$
$$a_4 = -0{,}0587527$$

besitzt. Es soll das Intervall von 0 bis 1 gewählt werden; die Schrittweite soll 0,05 betragen.

In dem nachfolgenden Beispiel 4.2 wollen wir kennenlernen, wie man im Programm feststellen kann, ob die letzte Datenkarte bereits gelesen wurde, um in Abhängigkeit davon unterschiedliche Anweisungen durchführen zu lassen. Wir wollen diese programmtechnische Möglichkeit im Zusammenhang mit der Berechnung einer Ausgleichsgeraden darstellen. Dazu wollen wir kurz angeben, wie man eine Ausgleichsgerade bestimmen kann.

Gegeben seien n Meßpaare x_i und y_i ($i=1,\ldots,n$). Es ist zu prüfen, ob zwischen den Größen x_i und y_i ein linearer Zusammenhang besteht.[*]

---

[*] Als ein Beispiel kann man sich vorstellen:

x_i: Körpergröße der Person i

y_i: Gewicht der Person i

Dann liegt es nahe, daß eine Zunahme der Körpergröße x_i mit einer proportionalen Zunahme des Gewichtes y_i einhergeht.

Gesucht werden insbesondere die Koeffizienten a und b der
Geraden

$$y = ax + b,$$

für die die Abweichung der Meßpunkte (x_i, y_i) möglichst klein
ist. Setzt man

$$F(a,b) := \sum_{i=1}^{n} \left[y_i - (ax_i + b) \right]^2.$$

so sind a und b so zu wählen, daß $F(a,b)$ minimal ist.

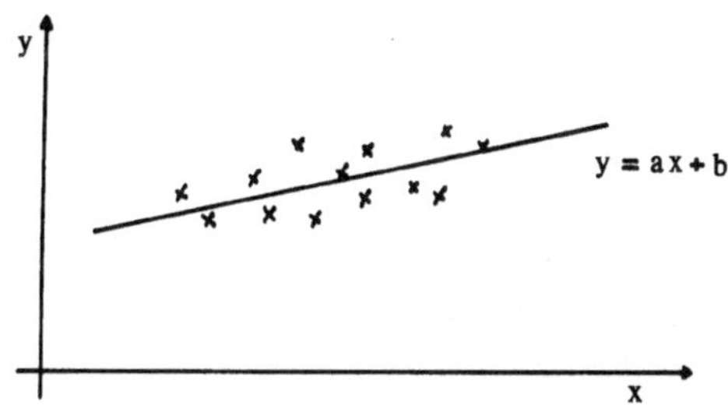

Wenn man die partiellen Ableitungen von F nach a und b
bildet und diese Null setzt, erhält man Bestimmungsgleichungen für die Koeffizienten a und b der Ausgleichsgeraden:

$$a \cdot \sum x_i^2 + b \cdot \sum x_i = \sum x_i y_i$$

$$a \cdot \sum x_i + b \cdot n = \sum y_i$$

woraus man unmittelbar erhält

$$a = \frac{\sum x_i y_i - n \cdot \overline{x} \cdot \overline{y}}{\sum x_i^2 - n \cdot \overline{x}^2} \qquad \text{mit } \overline{x} = \frac{1}{n} \sum x_i$$
$$\text{und } \overline{y} = \frac{1}{n} \sum y_i$$

$$b = \frac{\overline{y} \cdot \sum x_i^2 - \overline{x} \sum x_i y_i}{\sum x_i^2 - n \cdot \overline{x}^2}$$

<u>Beispiel 4.2</u>

Diese arithmetischen Ausdrücke wollen wir nun programmieren. Man sieht übrigens, daß es nicht erforderlich ist, die Meßwerte x_i und y_i in zwei Vektoren einzulesen: Wenn man während der Einleseschleife parallel die Summen

$$\sum x_i \quad , \quad \sum y_i \quad , \quad \sum x_i y_i \text{ und } \quad \sum x_i^2$$

akkumuliert, benötigt man für das jeweils aktuelle Wertepaar (x_i, y_i) nur die beiden Speicherplätze X und Y (siehe unten). Für die Akkumulation der oben angegebenen Summen wollen wir folgende Speicherplätze verwenden: SX, SY, SXY und SXX. Mit diesen Bezeichnungen lautet das Programm zur Bestimmung der Koeffizienten A und B der Ausgleichsgeraden

```
      BEGIN
          REAL X,Y,SX,SY,SXY,SXX,A,B;
          INTEGER N;
   EIN:   INIMAGE;
          IF ENDFILE THEN GOTO AUSW;
          X := INREAL;
          Y := INREAL;
          N := N+1;
          SX := SX+X; SY := SY+Y;
          SXY := SXY+X*Y;
          SXX := SXX+X**2;
          GOTO EIN;
   AUSW: SX := SX/N;
          SY := SY/N;
          A := (SXY-N*SX*SY)/(SXX-N*SX**2);
          B := (SY*SXX-SX*SXY)/(SXX-N*SX**2);
          OUTFIX(A,6,20); OUTFIX(B,6,20); OUTIMAGE;
      END#
```

       Datenkarten mit den Werten x_1 und y_1

$$\vdots$$

              bis x_n und y_n

Wenn man sich für einen Augenblick die Anweisung

    IF ENDFILE THEN GOTO AUSW;

fortdenkt, dann werden von dem restlichen Programm
alle Datenkarten mit den Wertepaaren x_1,y_1 bis x_n,y_n
eingelesen und verarbeitet. Erst wenn die Steuerkarte,
die das Ende der Datenkarten anzeigt, durch die Anweisung

    INIMAGE;

in den Eingabepuffer übertragen ist und nun versucht
wird, durch die Anweisung

    X := INREAL;

einen Zahlenwert für die Variable X zu lesen, wird das
Programm mit einer Fehlermeldung abgebrochen. Um dieses
zu verhindern, wird auf einer Größe mit dem Namen
ENDFILE und dem Typ BOOLEAN mitgeteilt, ob die letzte
Karte bereits gelesen wurde oder nicht. Die Größe ENDFILE
hat den Wert

    FALSE,   solange noch eine weitere Datenkarte
             durch die Anweisung INIMAGE; in den
             Eingabepuffer übertragen werden kann,

und den Wert

    TRUE,   wenn die letzte Datenkarte gelesen wurde.

Damit kann im Programmbeispiel 4.2 durch die Anweisung

    IF ENDFILE THEN GOTO AUSW;

der fehlerhafte Abbruch des Programms verhindert werden.
Da es sich um eine Größe vom Typ BOOLEAN handelt, kann man
sie auch in einem anderen Zusammenhang, etwa mit der WHILE-
Schleife benutzen. In diesem Fall könnte man die Schleife
zum Einlesen etwa wie folgt angeben:

```
INIMAGE;
WHILE NOT ENDFILE DO
BEGIN
  X := INREAL;
  |
  |            (weitere Anweisungen wie im Beispiel 4.2)
  |
  SXY := ...
  INIMAGE;
END;
```

Da die Bedingung für die WHILE-Schleife vor jedem einzelnen
Durchlaufen der Schleife geprüft wird, dann aber alle Anweisungen innerhalb der Schleife ausgeführt werden, ist
folgende, vielleicht naheliegende Programmierung falsch:

```
WHILE NOT ENDFILE DO
BEGIN
  INIMAGE;
  X := INREAL;
  |
  |
  |            (weitere Anweisungen wie im Beispiel 4.2)
  |
  |
  SXY := ...
END;
```

Bei der Bestimmung der Ausgleichsgeraden haben wir bei
den Überlegungen zum Beispiel 4.2 die senkrechte Abweichung der Meßpunkte von der Geraden zum Minimum gemacht.
Dies führt zu einer nicht gerechtfertigten Bevorzugung
einer der beiden gemessenen Merkmale. Aus diesem Grunde
sollte man in jedem Fall auch eine zweite Ausgleichsgerade
bestimmen, die den "waagerechten" Abstand zum Minimum
macht. Im allgemeinen wird sie von der ersten Ausgleichsgeraden abweichen.

Setzt man die 2. Ausgleichsgerade in der Form

$$x = cy+d$$

an, so liefern die zu Null gesetzten partiellen Ableitungen der Funktion

$$f(c,d) = \sum_{i=1}^{n}\left[x_i-(cy_i+d)\right]^2$$

die Bestimmungsgleichungen für die Koeffizienten c und d, aus denen man anschließend erhält:

$$c = \frac{\sum x_i y_i - n\bar{x}\bar{y}}{\sum y_i^2 - n\cdot\bar{y}^2}$$

$$d = \frac{\bar{x}\cdot\sum y_i^2 - \bar{y}\sum x_i y_i}{\sum y_i^2 - n\bar{y}^2}$$

Die beiden Ausgleichsgeraden schneiden sich in dem Punkt $(\bar{x},\bar{y})$, der durch die Mittelwerte gegeben ist.

Um festzustellen, wie stark die einzelnen Meßwertpaare um die Ausgleichsgerade streuen, wird der Korrelationskoeffizient r berechnet, der damit gleichzeitig angibt, wie stark die beiden Merkmale miteinander verbunden ("korreliert") sind.

$$r = \frac{\frac{1}{n}\sum(x_i-\bar{x})(y_i-\bar{y})}{\frac{1}{n}\sqrt{\sum(x_i-\bar{x})^2\cdot\sum(y_i-\bar{y})^2}} = \frac{\sum x_i y_i -n\cdot\bar{x}\bar{y}}{\sqrt{(\sum x_i^2-n\bar{x}^2)\cdot(\sum y_i^2-n\bar{y}^2)}}$$

Der Korrelationskoeffizient r liegt zwischen -1 und 1, wobei ein betragsmäßig nahe bei 1 liegender Wert eine starke Korrelation anzeigt.[*)]

---

*) Für den Korrelationskoeffizienten r gilt außerdem
$$|r| = \sqrt{a\cdot c}$$
Diese Beziehung kann man ebenfalls zur Berechnung von r benutzen.

<u>Aufgabe 4.2</u>

Bitte erweitern Sie das angegebene Programmbeispiel 4.2, so daß beide Ausgleichsgeraden und
der Korrelationskoeffizient berechnet werden.

Nachdem wir die Eingabe von Datenkarten an Hand einiger
Beispiele und Aufgaben kennengelernt haben, wollen wir
uns nun der Ausgabe auf dem Drucker zuwenden. Hier steht
uns ebenfalls ein Pufferbereich zur Verfügung. Dieser
Ausgabepuffer hat den Namen SYSOUT.IMAGE und besteht aus
132 Bytes, die den 132 Schreibstellen einer Druckzeile entsprechen. Man kann also immer nur eine Druckzeile im Puffer
aufbereiten und dann ausdrucken. Die Steuerung des Druck-
vorschubs ist auf andere Weise vorgesehen.

Bei Beginn des Programms steht ein "leerer" Ausgabepuffer
zur Verfügung, d.h. alle 132 Bytes sind mit der Verschlüsselung des Leerzeichens besetzt. Ein Zeiger verweist
auf das erste Byte des Ausgabepuffers. Durch die Anweisungen

         OUTINT
         OUTFIX
oder   OUTREAL

wird der Wert einer Variablen als Folge von druckbaren
Zeichen in den Ausgabepuffer übertragen und zwar von der
Position an, auf die der Zeiger gerade verweist. Erst
durch die Anweisung

         OUTIMAGE;

wird der Inhalt des Ausgabepuffers ausgegeben, also eine
Zeile ausgedruckt. Anschließend steht wieder ein "leerer"
Ausgabepuffer zur Verfügung, dessen zugehöriger Zeiger
auf die erste Position verweist.

Es sollen nun die Anweisungen OUTINT, OUTFIX und OUTREAL
erläutert werden.

Mit Hilfe der Anweisung OUTINT können Werte von Variablen
mit dem Typ INTEGER in den Ausgabepuffer SYSOUT.IMAGE geschrieben
werden. Die allgemeine Form ist

       OUTINT(v,w);

Dabei steht v für die Variable, deren Wert ausgegeben
werden soll.

Anstelle eines Variablennamens darf allgemein ein beliebiger arithmetischer Ausdruck vom Typ REAL oder INTEGER
stehen: Der Wert des arithmetischen Ausdrucks wird ermittelt
und gegebenenfalls entsprechend den Regeln für die Wertzuweisung auf eine INTEGER-Größe gerundet. Dieser Wert wird
dann in den Ausgabepuffer geschrieben.

Der Buchstabe w steht für die Feldweite. In der Regel
wird w als Konstante angegeben sein, aber es darf ein beliebiger arithmetischer Ausdruck an dieser Stelle stehen.
Durch die Angabe der Feldweite werden w Positionen für die
Ausgabe des Zahlenwertes von v reserviert. Das Feld beginnt
mit der Druckposition, auf die der Zeiger augenblicklich verweist. Anschließend zeigt der Pointer auf die erste Druckposition, die dem Druckfeld folgt. Da die Zahl rechtsbündig
in dem Feld ausgegeben wird, steht der Zeiger anschließend
unmittelbar hinter der ausgegebenen Zahl.

<u>Beispiel:</u>

       A := 1458;
       OUTINT(A,6);

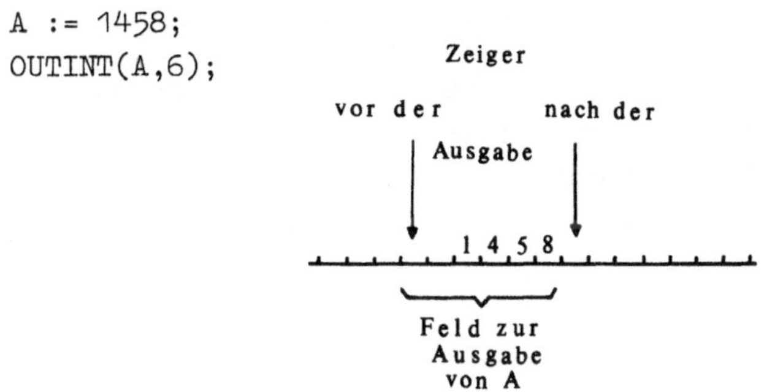

Falls die Feldweite w für die Ausgabe der Zahl zu klein gewählt wurde, so daß nicht alle Ziffern und - falls vorhanden -
das negative Vorzeichen ausgegeben werden können, wird in
dem vorgesehenen Feld eine Folge von Sternen ausgedruckt. Der
Zeiger wird auch in diesem Fall um w Positionen weitergerückt.

<u>Beispiel:</u>

```
A := 1458;
OUTINT(A,3);
```

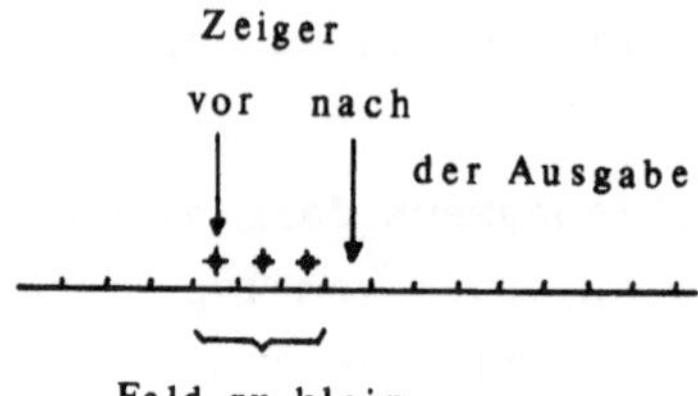

Für die Ausgabe von Variablenwerten mit dem Typ REAL ist neben der Angabe des Variablennamens v und der Feldweite w noch die Angabe a erforderlich, die festlegt, wieviele Ziffern hinter dem Dezimalpunkt gedruckt werden sollen. Es stehen uns zwei verschiedene Darstellungsformen zur Verfügung: Einmal kann man den Wert als "Festkommazahl" ausgeben (OUTFIX), zum anderen als "Gleitkommazahl" (OUTREAL).

Im ersten Fall lautet die allgemeine Form

```
OUTFIX(v,a,w);
```

Anstelle eines Variablennamens v darf allgemein ein beliebiger arithmetischer Ausdruck vom Typ REAL oder INTEGER angegeben werden: Der Wert des arithmetischen Ausdrucks wird ermittelt und als Zahl vom Typ REAL in den Ausgabepuffer geschrieben. Man beachte, daß die Feldweite w

- das Vorzeichen der Zahl (falls sie negativ ist)
- die Anzahl der Ziffern vor dem Dezimalpunkt
- den Dezimalpunkt
- die geforderte Anzahl a der Ziffern hinter dem Dezimalpunkt

umfassen muß.

<u>Beispiel:</u>

        B := 4127.58;
        OUTFIX(B,6,15);

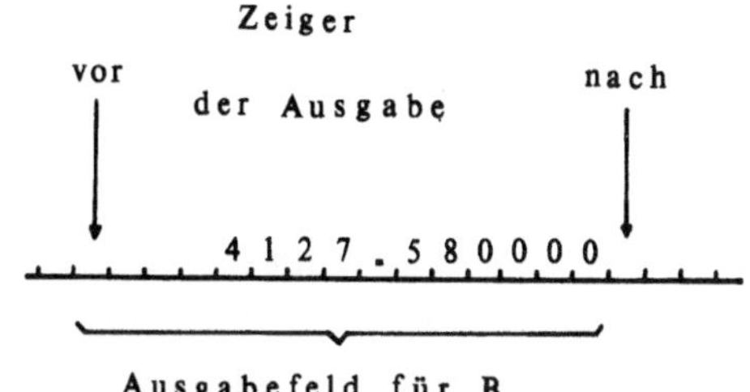

Man mache sich klar, daß in der Rechenanlage nur 6 bis 7
Dezimalziffern bei Variablen vom Typ REAL korrekt gespeichert
werden können. Wegen der bei der Speicherung auftretenden
Rundungsfehler kann es bei der Ausgabe der Werte keinen Ge-
nauigkeitsgewinn geben, wenn man sich mehr als 6 bis 7 Ziffern
ausdrucken läßt. In diesem Sinn gibt die Ausgabe von 6 Dezimalziffern nach dem Dezimalpunkt bei dem obigen Beispiel
keine Auskunft über die Genauigkeit der ausgedruckten Zahl.

Um diesem Sachverhalt und der Tatsache Rechnung zu tragen,
daß man mit einer Variablen vom Typ REAL einen großen
Zahlenbereich abdecken kann, ist noch eine zweite Form für
die Ausgabe vorgesehen:

        OUTREAL(v,a,w);

Die Parameter v, a und w werden in der bereits oben angegebenen Bedeutung benutzt. Der Wert der Variablen v wird hierbei in normierter Form ausgegeben.

<u>Beispiel:</u>

        B := 4127.58;
        OUTREAL(B,6,15);

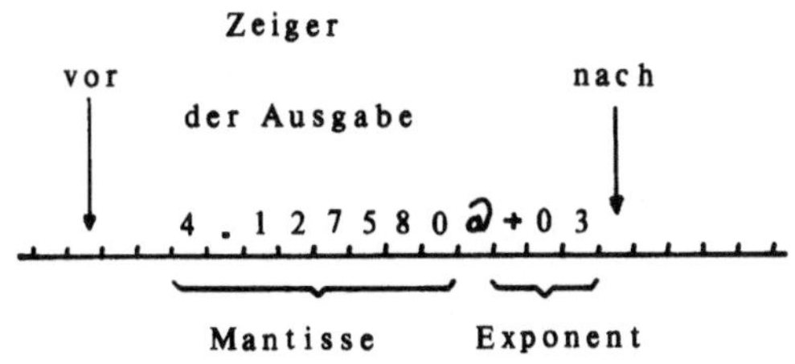

Die Zahl wird so normiert, daß die Mantisse betragsmäßig
zwischen 1 und 1o liegt, (es sei denn, der Wert der
Variablen ist Null). Das Zeichen ℗ trennt die Mantisse von
dem Exponenten und steht stellvertretend für die Basis 1o.
In dem Beispiel wurde also die Zahl

$$4,127580 \cdot 1o^3$$

ausgegeben.

Man muß darauf achten, daß die Feldweite w mindestens
um 7 größer ist als die Anzahl a der Ziffern nach dem
Dezimalpunkt ($w \geq a+7$). Hierbei ist das mögliche negative
Vorzeichen der Zahl bereits berücksichtigt.

Damit haben wir beschrieben, wie man sich die Werte von
Variablen ausdrucken lassen kann. Für die Interpretation
von Ergebnissen ist es zweckmäßig, die Werte in der Ausgabe-
zeile mit Kommentaren zu versehen. Die erläuternden Texte
kann man mit Hilfe der Anweisung

```
OUTTEXT('t');
```

in den Ausgabepuffer schreiben. Dabei steht t für den zu
schreibenden Text, der kein Hochkomma (') einschließen darf.
Der Text wird von der Position an geschrieben, auf die der
Zeiger im Augenblick der Anweisung OUTTEXT zeigt. Nach der
Ausgabe weist der Zeiger auf die Position, die dem Text un-
mittelbar folgt.

<u>Beispiel:</u>

```
N := 5;
X := -4.5;
OUTTEXT('POLYNOMGRAD =');
OUTINT(N,3); OUTTEXT(' ARGUMENT =');
OUTFIX(X,3,6);
```

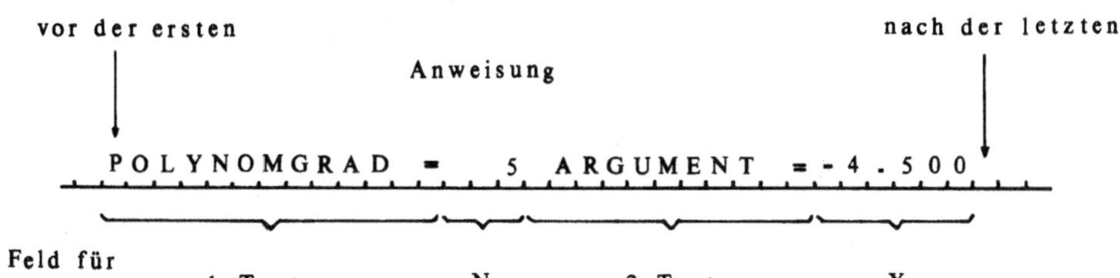

Nach jeder der angegebenen Ausgabeanweisungen wird der Zeiger
vorgerückt; er zeigt jeweils auf die Position, die unmittelbar dem gerade benutzten Ausgabefeld folgt. Bei der nächsten
Ausgabeanweisung beginnt bei dieser Position das Feld für
die Ausgabe der Zahl oder des Textes.

Durch eine Anweisung der Form

SYSOUT.SETPOS(n);

kann man den Zeiger vom Programm her sowohl vor- als auch
zurücksetzen. Der Buchstabe n steht dabei für einen arithmetischen Ausdruck, dessen Wert auf eine ganze Zahl gerundet
wird, die dann zwischen 1 und 132 entsprechend den 132 möglichen Schreibstellen des Druckers liegen muß. Man kann also
durch Wahl eines Wertes, der größer ist als die gerade vor-
liegende Schreibposition, eine Reihe von Leerspalten erzeugen.
Durch Zurücksetzen des Zeigers kann man eine bereits in den
Ausgabepuffer gegebene Zahl oder Zeichenfolge überschreiben:

<u>Beispiel:</u>

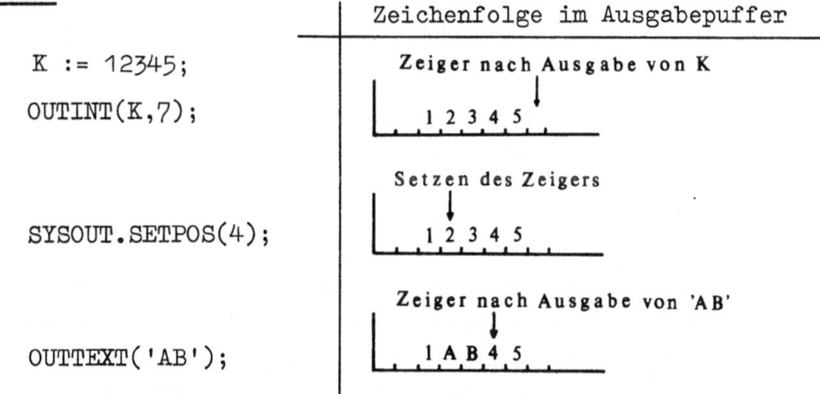

Bei der Anweisung OUTIMAGE; wird die Zeile

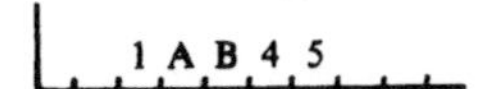

auf dem Drucker ausgegeben.

Wir haben bisher die Aufarbeitung einer einzelnen Druckzeile im Ausgabepuffer und deren Ausgabe auf dem Drucker beschrieben. Es soll nun angegeben werden, wie man die Ausgabe
der Zeilen auf einer Druckseite gestalten kann.

Durch die Anweisung

     PAGE;

wird ein Vorschub zu einem neuen Seitenanfang bewirkt.

Durch die Anweisung

     LINESPERPAGE(n);

wird mitgeteilt, daß man pro Seite maximal n Zeilen ausgeben möchte. Nach n Zeilen wird dann ein automatischer
Vorschub auf eine neue Seite ausgelöst. Im Verlauf des Programms kann man durch eine erneute Anweisung LINESPERPAGE
die gewünschte Zeilenzahl pro Seite verändern. Man muß nur
sicherstellen, daß der eingegebene Wert n innerhalb der vom
Compiler vorgesehenen Grenzen liegt.*)

Man kann sich im Programm die Zeilennummer innerhalb der
gerade bearbeiteten Seite bereitstellen lassen. Die Nummer
der als nächstes zu beschreibenden Zeile steht in einer
Größe mit dem Namen LINE zur Verfügung. (Dieser Name ist
vorgegeben und darf im Benutzerprogramm nicht erneut deklariert werden). Man kann damit die Ausgabe einer Zeile
(z.B. Zwischenüberschriften) von der bereits ausgegebenen
Zeilenzahl abhängig machen, ohne selbst die Verwaltung des
Zeilenzählers übernehmen zu müssen.

Will man eine Folge von Leerzeilen erzeugen, so sind
hierzu 3 verschiedene Wege möglich. Einmal kann man mehrere
Anweisungen

     OUTIMAGE;

hintereinander angeben: Bei der ersten Anweisung wird der
(eventuell) besetzte Ausgabepuffer auf dem Drucker ausgegeben. Anschließend wird der Ausgabepuffer mit Leerzeichen
besetzt, so daß nun weitere Anweisungen OUTIMAGE; die Ausgabe von Leerzeilen bewirken.

---

*) Dies ist bei den einzelnen Compilern unterschiedlich;
bei dem von uns benutzten Compiler ist die Begrenzung $1 \leqslant n \leqslant 56$
vorgegeben.

Die zweite Möglichkeit zur Erzeugung von Leerzeilen sieht
die Anweisung

        SPACING(n);

vor. Hierdurch wird angegeben, daß zwischen der Ausgabe
je zweier Zeilen n Zeilenvorschübe ausgeführt werden sollen,
wodurch (n-1) Leerzeilen eingefügt werden. Will man den
Zwischenraum nur an einer Stelle einfügen und anschließend
die Zeilen mit dem normalen Zeilenabstand ausgeben, so muß
man anschließend durch die Anweisung

        SPACING(1);

den Zeilenabstand wieder reduzieren, sonst werden alle nachfolgenden Zeilen mit dem großen Abstand ausgegeben.
Die dritte Möglichkeit ist durch die Anweisung

        EJECT(n);

gegeben. Sie ermöglicht sozusagen, die "absolute" Adressierung
einer Zeile auf einer Seite, wobei der Wert des arithmetischen
Ausdrucks, der anstelle von n eingesetzt werden darf, kleiner
als die geforderte oder die vorgegebene Anzahl der Zeilen
pro Seite sein muß (LINESPERPAGE).

Ist n größer als der momentane Wert von LINE, wird bis zur
Zeile n der gerade behandelten Seite vorgeschoben und der
Wert von LINE entsprechend erhöht. Ist n dagegen kleiner
als der momentane Wert von LINE, wird bis zur Zeile n der
nächsten Seite vorgeschoben.

Aufgabe 4.3

   Es soll eine Tafel für die Quadrate der Zahlen von 1,oo
bis 9,99 im Abstand von o,o1 erstellt werden. Dabei sollen
jeweils 1o Spalten nebeneinander gedruckt werden, entsprechend der letzten Dezimalziffer. Solange die Quadrate
kleiner als 1o sind, soll das Ergebnis mit 3 Ziffern hinter
dem Dezimalpunkt ausgegeben werden, anschließend mit 2 Ziffern.

5. Verarbeitung von Texten

Um das Konzept zur Verarbeitung von Texten in
SIMULA leichter zu verstehen, wollen wir uns kurz
vergegenwärtigen, welche Aufgabenstellungen u.a.
in diesem Zusammenhang auftreten:

1) Verarbeitung von Texten unterschiedlicher Länge
2) Analyse von Teiltexten und von einzelnen Zeichen.

Es muß also möglich sein, die Länge eines Textes
während des Programmablaufs festzulegen und u.U. zu
verändern. Ferner muß es möglich sein, einen Bezug
zu einem Teil eines anderen Textes herzustellen und
im Programmablauf zu verändern. Schließlich muß es
möglich sein, gezielt auf ein Zeichen eines Textes
zuzugreifen, um dieses zu analysieren. Da die Verarbeitung von Texten möglichst einfach gestaltet werden
soll, müssen eine Reihe besonderer Anweisungen zur
Verfügung stehen, die im Verlauf dieses Abschnitts
beschrieben werden sollen.

Ein Text wird in SIMULA als eine dreistufige Instanz aufgefaßt. Die erste Ebene der Textreferenz t
verweist auf einen Textbeschreiber (zweite Ebene),
in dem als Information über den eigentlichen Textbereich neben dessen Adresse a und dessen Länge l noch
ein Zeiger p für das als nächstes zu betrachtende
Zeichen mitgeführt wird. Darüber hinaus wird die
Größe d einer relativen Verschiebung im Textbereich
abgespeichert. (Dieses "Displacement" d ist nur dann
von Bedeutung, wenn es sich um einen Teiltext einer
anderen Textinstanz handelt). Erst auf der dritten
Ebene des Textbereichs wird nach einem Speicherplatz m,
in dem ein Rückverweis auf den Textbeschreiber gespeichert wird, der eigentliche Textinhalt aufgeführt.

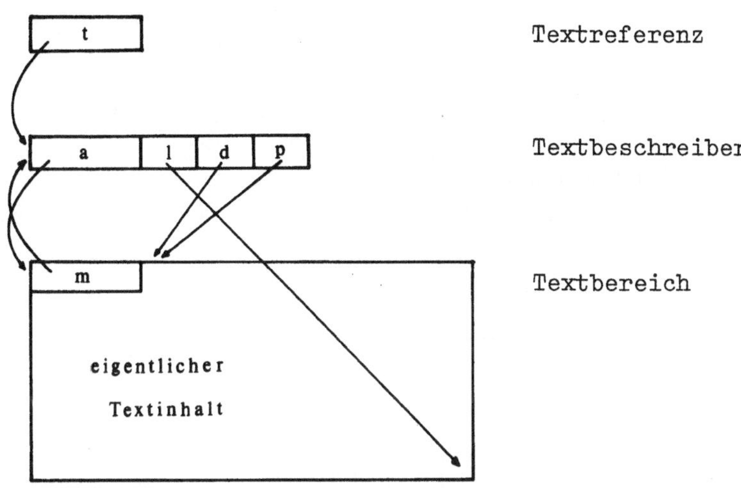

Für die Textreferenz t, für die Adresse a und für den
Rückverweis m wird jeweils ein Wort reserviert; damit können
die Textreferenz, der Textbeschreiber und der Textbereich
irgendwo im Kernspeicher liegen. Für die Länge l, die Verschiebung d und den Zeiger p sind Halbworte vorgesehen, von
denen je 15 Bits für die Speicherung der Zahl verwendet werden,
so daß bis zu 2^{15}=32 768 aufeinanderfolgende Zeichen in einem
Textbereich gespeichert werden können.*)

Die <u>Möglichkeit</u>, sich eine solche dreistufige Instanz zu
verschaffen, erhält man durch die Deklaration von Textvariablen. Hierzu hat man nach dem Schlüsselwort TEXT die
Variablennamen durch Komma getrennt aufzuführen, die auf
eine Textinstanz verweisen sollen. So wird durch die
Deklaration

        TEXT A,B;

vorgesehen, daß in A und B entsprechende Adressen von Text-
beschreibern gespeichert werden können.

---

*) Diese Angaben sind abhängig von der benutzten Rechen-
   anlage und können damit von Hersteller zu Hersteller
   variieren.

Initialisiert werden die Textvariablen mit der Adresse
des Textbeschreibers, der auf den "leeren Text" verweist.

Der "leere Text" stellt eine Textkonstante dar, die

- eine Textreferenz mit dem Namen NOTEXT,
- einen Textbeschreiber, bei dem die Größen l, d
  und p den Wert Null haben,
- und einen Textbereich, der nur aus dem Rückverweis m besteht,

besitzt:

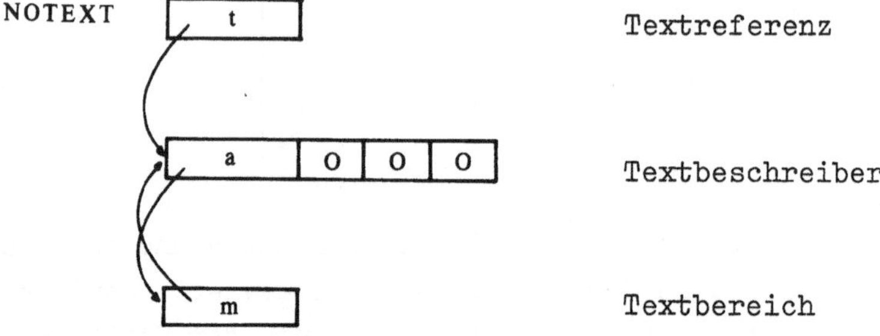

Da die Variablen A und B nach der Deklaration
TEXT A,B; mit dem Bezug auf den leeren Text, d.h. auf die
Textkonstante NOTEXT, initialisiert sind, steht noch keine
Instanz mit einem Bereich zur Verfügung, in den hinein
ein Text gespeichert werden kann. Eine neue Instanz muß
erst noch mit Hilfe der Anweisung BLANKS geschaffen werden.
Nach dem Schlüsselwort BLANKS gibt man in Klammern an,
aus wieviel Zeichen der eigentliche Textinhalt bestehen soll.
Dabei darf man einen arithmetischen Ausdruck angeben, dessen
Wert zwischen 1 und der maximalen Länge des Textbereichs (32 768)
liegen muß.

Den Bezug zwischen der zuvor deklarierten Textvariablen
und der neu geschaffenen Instanz stellt man mit Hilfe der
"Referenzzuweisung" her, für die das Zeichen :- vorgesehen ist.
Die Anweisung

        A :- BLANKS(35);

bedeutet also, daß eine Textinstanz geschaffen wird, in deren
Textbereich bis zu 35 Zeichen gespeichert werden können. Der
Textbereich ist mit Leerzeichen "gefüllt". Die Variable A
verweist auf diese Textinstanz.

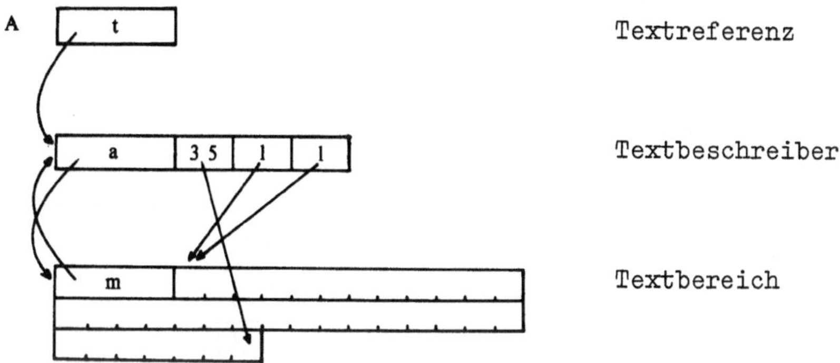

Durch eine anschließende Textwertzuweisung kann in den Textbereich von A eine beliebige Folge von Zeichen (maximal 35)
übertragen werden. Für die Textwertzuweisung ist das Zuweisungszeichen := vorgesehen.

<u>Beispiel:</u>

      A := 'BELIEBIGE ZEICHENFOLGE';

Auf der rechten Seite des Zuweisungszeichens := haben wir
eine sg. Textkonstante angegeben. Dies ist eine Folge von
Zeichen (vergl. Anhang C), die in Hochkommas eingeschlossen
ist. Die Länge einer Textkonstante ist gegeben durch die Anzahl ihrer Zeichen. Soll ein Hochkomma im Text auftreten,
so sind an dieser Stelle zwei unmittelbar aufeinanderfolgende
Hochkommas anzugeben.

Der Text, der auf der rechten Seite des Zuweisungszeichens
angegeben ist, wird linksbündig in den Textbereich der Textinstanz, auf die A verweist, übertragen. Die oben angegebene
Textkonstante umfaßt nur 22 Zeichen, der Textbereich von A
läßt dagegen 35 Zeichen zu. Die restlichen 13 Zeichen werden
mit dem Leerzeichen gefüllt. Wäre der Textbereich von A
dagegen zur Aufnahme aller Zeichen der rechten Seite zu klein
gewesen, wäre das Programm mit einer Fehlermeldung abgebrochen worden.

Nach Durchlaufen der obigen Anweisungen hat die Textinstanz,
auf die A verweist, folgenden Inhalt

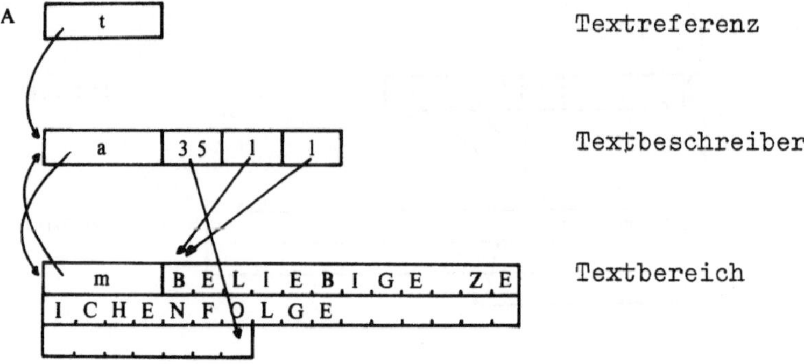

Eine andere Möglichkeit, sich eine Textinstanz zu verschaffen,
stellt die Anweisung NEWTEXT dar.*) Nach dem Schlüsselwort
NEWTEXT kann man in Klammern eine bereits auf eine Textinstanz
verweisende Variable angeben oder eine Textkonstante. Es wird
dann eine gleiche Textinstanz neu geschaffen und mit dem Textinhalt initialisiert, der zu dem in Klammern angegebenen
Argument gehört. Insbesondere ergibt sich die Länge des neuen
Textbereichs aus der Länge des alten Textbereichs. Ist B eine
Textvariable, so verweist zum Beispiel nach der Anweisung

    B :- NEWTEXT('TEXTVERARBEITUNG MIT SIMULA');

die Variable B auf folgende Textinstanz

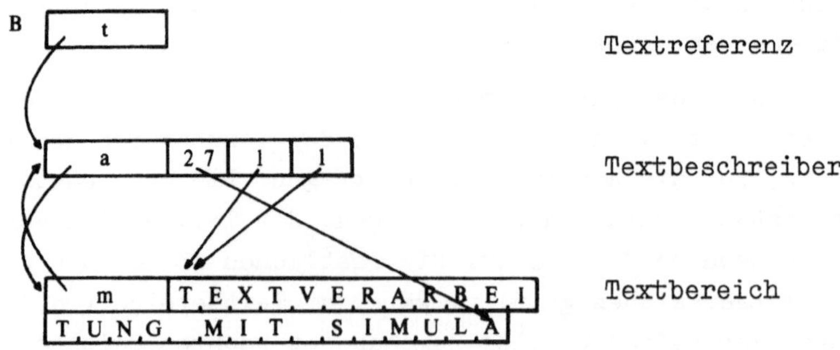

---

*) Bei der Anweisung NEWTEXT kann eine Beschränkung für die
   Länge des Textbereichs vorliegen; bei unserer Anlage darf
   der Bereich des Arguments bis zu 255 Zeichen lang sein.

Durch eine nachfolgende Textwertzuweisung kann der Inhalt
überschrieben werden:

B := 'B ZEIGT AUF DIESEN TEXT';

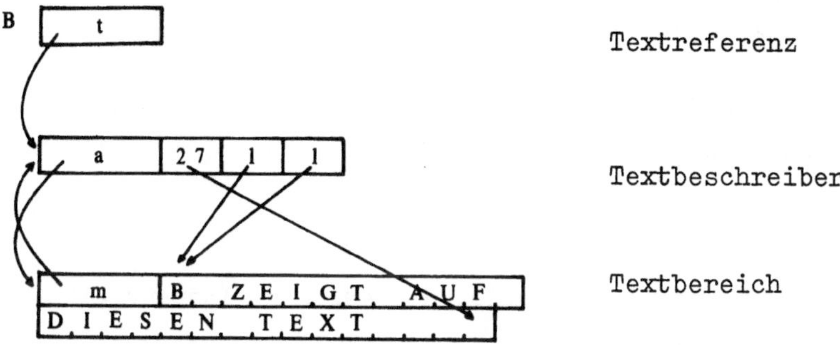

Eine letzte Möglichkeit zur Bereitstellung einer Textinstanz
ist die Anweisung COPY. Sie unterscheidet sich nicht von der
Anweisung NEWTEXT; beide Anweisungen haben denselben Aufbau
und dieselbe Wirkung.

Aufgabe 5.1

In einem Programm, in dem für die Variable H der Typ TEXT
vereinbart wurde, werden nach der Anweisung

        H :- BLANKS(20);

die Zuweisungen
    a) H := 'SIMULA';
    b) H :- NEWTEXT('SIMULA');
    c) H := NEWTEXT('SIM');
    d) H :- 'SIMULA';

angegeben. Bitte beschreiben Sie, was durch die einzelnen
Anweisungen bewirkt wird. Darf man die Reihenfolge der Anweisungen a) bis d) vertauschen?

Eine wichtige Funktion bei der Verarbeitung von Texten
stellt die Möglichkeit dar, einen Bezug zu einem Teil
eines Textbereichs herzustellen und diesen Bezug einer
anderen Variablen zuzuweisen. Man gibt hierzu nach dem
Variablennamen, der auf den Textbereich verweist, einen
Dezimalpunkt als Trennungszeichen und dann das Schlüsselwort SUB an. In Klammern wird anschließend an erster
Stelle die Position angegeben, an der der Teilbereich beginnen soll, und an zweiter Stelle die Länge des Teiltextes.

<u>Beispiel:</u>

Es sei A eine Textvariable, die auf eine Instanz mit
dem Textinhalt

    ABCDEFGH13578KLM

verweist. Die Variable B soll auf eine Textinstanz ver-
weisen, deren Textbereich ein Teil des Textbereichs von
A ist, und zwar soll B die Ziffernfolge (s.o.) umfassen.
Dann ist der Bezug wie folgt herzustellen:

    B :- A.SUB(9,5);

Das Zusammenspiel beider Textinstanzen ist aus folgender Zeichnung abzulesen:

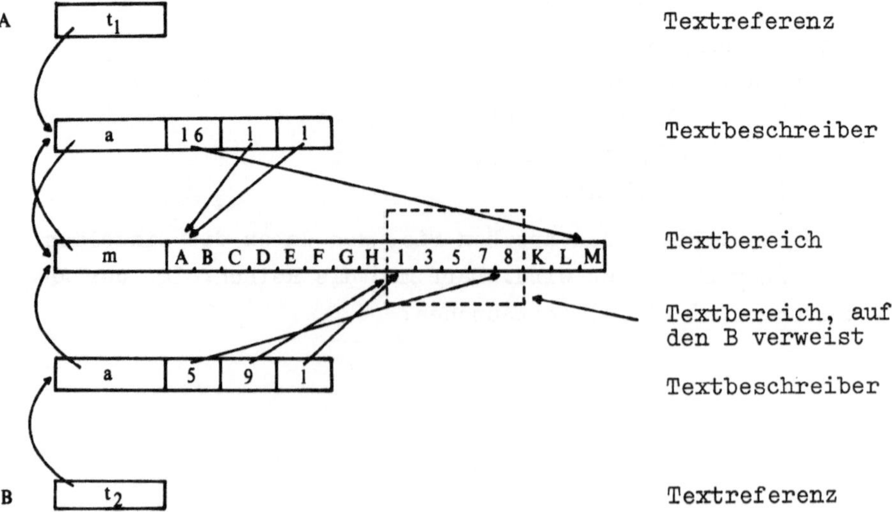

Man beachte, daß der Rückverweis m von dem Textbereich zu
dem Textbeschreiber von A führt: Es gibt bei jedem Textbereich einen besonders ausgezeichneten Textbeschreiber,
sozusagen einen Haupt-Textbeschreiber, zu dem die Größe m
(von main) zurückverweist.

In dem Textbeschreiber von B steht im Adressenfeld die-
selbe Adresse a wie im Textbeschreiber von A, denn die
Textvariable B verweist auf denselben Textbereich wie die
Variable A. Nur durch die unterschiedlichen Werte für die
Länge l und die Verschiebung d wird deutlich, daß es sich
um einen Teilbereich handelt. Entsprechend verweist der
Zeiger p von B nicht auf die erste Position des Textes
(von A), sondern auf die erste Position des Teiltextes.

Weist man der Textvariablen B einen Textwert zu, so wird
damit auch der Textbereich von A verändert, da B auf einen
Teilbereich von A verweist. Die Zuweisung

        B := 'RST';

führt zu folgendem Ergebnis bezüglich der Textinstanzen
A und B:

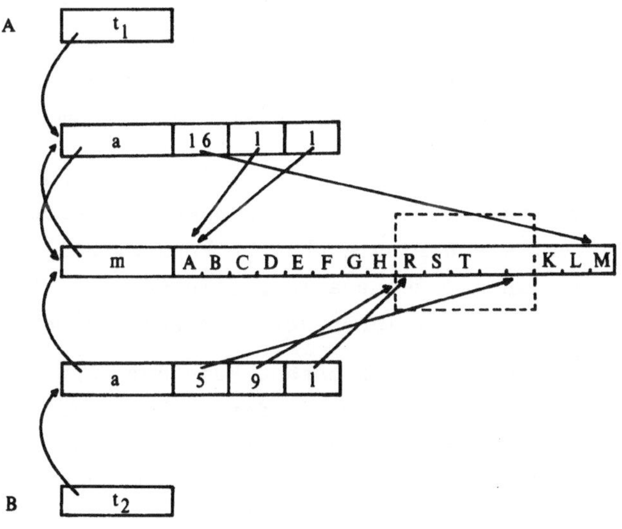

Für einen Textbereich darf man beliebig viele Teilbereiche definieren. Da sich die einzelnen Teilbereiche
auch gegenseitig überlagern dürfen, kann man einen Textbereich auf verschiedene Weise strukturieren. Dies ist
von Vorteil bei der Ein- und Ausgabe von Texten und ebenfalls dann, wenn Informationen aus einem Textbereich in
einen anderen übertragen werden sollen. Es ist erlaubt,
sich überlappenden Teilbereichen Textwerte zuzuweisen.
Das Endergebnis hängt in diesem Fall von der zeitlichen
Folge der Zuweisungen ab.

In der Referenzzuweisung

```
B :- A.SUB(9,5);
```

darf man statt der Konstanten 9 und 5 zur Spezifizierung
des Teilbereichs von A beliebige arithmetische Ausdrücke
angeben. Man hat nur dafür zu sorgen, daß der durch beide
Parameter (Position p und Länge l) festgelegte Teilbereich
ganz in dem Bereich des Ausgangstextes liegt, und zwar in
dem Augenblick, in dem der Teiltext festgelegt wird.

Bisher haben wir bei einer Textinstanz stets zwischen
der Textreferenz, dem Textbeschreiber und dem Textbereich
unterschieden. Im folgenden wollen wir kurz von einer
"Textvariablen" sprechen und uns bewußt sein, daß

- einerseits eine Variable auf einen Textbeschreiber
  und damit auf einen Textbereich verweisen (Textreferenzzuweisung mit dem Symbol :-) und

- andererseits einem Textbereich ein neuer Inhalt zugewiesen werden kann (Textwertzuweisung mit dem
  Symbol :=).

Um die nachfolgend beschriebenen Anweisungen zur Aufbereitung von Texten leichter verstehen zu können, wollen wir
nun erläutern, wie in der Rechenanlage Zeichen, d.h. Buchstaben, Ziffern und Sonderzeichen verschlüsselt werden.

Wie wir im Anhang A dargestellt haben, kann der Wert einer
Zahl auf zwei verschiedene Weisen in der Rechenanlage
gespeichert werden, einmal als Zahl vom Typ REAL und einmal
als Zahl vom Typ INTEGER. Für beide Verschlüsselungsarten

wird ein Wort, d.h. eine Einheit, bestehend aus 32 Bits, bereitgestellt. Die Unterschiede in der Verschlüsselung ergeben sich durch eine unterschiedliche Strukturierung des Wortes.

Wenn aber nicht der Wert einer Zahl von Interesse ist, sondern die Folge ihrer Ziffern, so muß jede Ziffer als gesondertes Zeichen verschlüssel werden. Zur Verschlüsselung von Zeichen wird ein Byte, bestehend aus 8 Bits bereitgestellt.[*] Bei 8 Bits kann man in einem Byte 2^8 = 256 verschiedene Bitmuster entsprechend den Werten 0 bis 255 darstellen. Indem man zwischen den Zeichen, die man verschlüsseln möchte, und den Zahlen 0 bis 255 eine eindeutige Zuordnung herstellt, kann man 256 verschiedene Zeichen verschlüsseln.

Mit dem EBCDIC-Code [**] hat man sich auf folgende Zuordnung geeinigt, wobei die freien Felder für besondere Anwendungen benutzt werden können.

Bitposition 4 - 7 ⟶

Bitposition 0 - 3	0	1	2	3	4	5	6	7	8	9	A	B	C	D	E	F
0																
1																
2																
3																
4	blank										¢	.	<	(	+	|
5	&										!	$	*	)	;	¬
6	-	/										,	%	_	>	?
7											:	#	@	'	=	"
8		a	b	c	d	e	f	g	h	i						
9		j	k	l	m	n	o	p	q	r						
A			s	t	u	v	w	x	y	z						
B																
C		A	B	C	D	E	F	G	H	I						
D		J	K	L	M	N	O	P	Q	R						
E			S	T	U	V	W	X	Y	Z						
F	0	1	2	3	4	5	6	7	8	9						

[*] Die Anzahl der Bits in einem Byte ist ebenso wie die Zahl der Bits pro Wort abhängig von der jeweils benutzten Rechenanlage.

[**] <u>E</u>xtended <u>B</u>inary <u>C</u>oded <u>D</u>ecimal <u>I</u>nterchange <u>C</u>ode

Aus der Tabelle kann man ablesen, daß z.B. der Buchstabe K
die Verschlüsselung

$$\boxed{\text{D} \ \ 2} \quad \text{oder in Dualform} \quad \boxed{1\ 1\ 0\ 1\ ,\ 0\ 0\ 1\ 0}$$

besitzt. Für die Zahl 463 ergibt sich nach der Tabelle als
Verschlüsselung ihrer Ziffern in 3 Bytes

$$\boxed{\text{F} \ \ 4} \ \boxed{\text{F} \ \ 6} \ \boxed{\text{F} \ \ 3}$$

Will man in einzelnen Variablen nur Zeichen speichern, so
kann man für diese Variablen den Typ CHARACTER vereinbaren.
Man hat hierfür nach dem Schlüsselwort die Variablennamen
durch Komma getrennt anzugeben. Durch die Deklaration geschieht dreierlei:

1) Bereitstellung von Speicherplätzen (in diesem Fall
   einzelne Bytes) und Festlegung der gewünschten Namen

2) Festlegung des Typs CHARACTER

3) Vorbesetzung der Speicherplätze mit dem Leerzeichen
   (kurz "blank" genannt, Verschlüsselung $\boxed{4 \ \ 0}$).

Nach der Deklaration einer Variablen vom Typ CHARACTER kann
man der Variablen einzelne Zeichen zuweisen. Im einfachsten
Fall geschieht dies durch eine sg. Zeichenkonstante. Eine
Zeichenkonstante ist ein einzelnes EBCDIC-Zeichen, das von
zwei Apostroph oben (") eingeschlossen wird. So wird z.B.
nach der Deklaration

    CHARACTER A1;

durch die Wertzuweisung

    A1 := "*";

in der Variablen A1 das Bitmuster $\boxed{0\ 1\ 0\ 1\ ,\ 1\ 1\ 0\ 0}$
zur Verschlüsselung des Sterns erzeugt.

Die Zuordnung zwischen den EBCDIC-Zeichen und den Zahlen
0 bis 255 kann im Programm mit Hilfe der Größen CHAR und
RANK nachvollzogen werden. Da dem Bitmuster der Verschlüsselung des Sterns die Dezimalzahl 92 entspricht,
liefert die Wertzuweisung

        A1 := CHAR(92);

ebenfalls die Verschlüsselung des Sterns in der Variablen A1.
Umgekehrt ergibt die Wertzuweisung an die INTEGER-Variable K

        K := RANK("*");
bzw.   K := RANK(A1);

für K den Wert 92.

    Falls man in einem Vektor oder in einer Matrix nur
Zeichen speichern möchte, so hat man nach den Schlüsselwörtern

        CHARACTER ARRAY

den Namen des Feldes mit den entsprechenden Grenzpaaren
in Klammern anzugeben. Dies ist in Analogie zu

        INTEGER ARRAY
        REAL ARRAY
        BOOLEAN ARRAY
und   TEXT ARRAY

zu sehen.

Einige weitere Möglichkeiten für die Verarbeitung von
Texten wollen wir im Zusammenhang mit dem folgenden Beispiel kennenlernen. Nach der Aufgabenstellung soll zunächst das Programm geschlossen angegeben werden. Die
Erläuterungen zu den neuen Anweisungen sollen sich daran
anschließen.

<u>Beispiel 5.1</u>

Für eine vergleichende Sprachuntersuchung soll ausge-
zählt werden, wie häufig die einzelnen Wortlängen in
einem Text vorkommen. (Zur Vereinfachung wollen wir
Umlaute und ß als 2 Buchstaben zählen. Ferner soll sich
kein Wort über eine Datenkarte hinaus erstrecken.)

```
BEGIN
    CHARACTER Z; INTEGER W,L;
    INTEGER ARRAY ANZ(1:25);
LESEN:
    INIMAGE; IF ENDFILE THEN GOTO AUSG;
    Z := INCHAR;
    WHILE SYSIN.MORE DO
    BEGIN
        IF LETTER(Z) THEN L := L+1;
        IF NOT LETTER(Z) THEN
            BEGIN
                IF L > 25 THEN L := 25;
                IF L > 0 THEN
                        BEGIN
                            ANZ(L) := ANZ(L)+1;
                            W := W+1; L := 0;
                        END;
            END;
        Z := INCHAR;
    END;
    GOTO LESEN;
AUSG:
    OUTTEXT('ANZAHL DER WOERTER ='); OUTINT(W,4); OUTIMAGE;
    FOR L := 1 STEP 1 UNTIL 25 DO
    BEGIN
        OUTTEXT('LAENGE ='); OUTINT(L,3); OUTINT(ANZ(L),4);
        OUTIMAGE;
    END;
END#
```

In dem Programm wurden 3 neue Größen benutzt, nämlich
      SYSIN.MORE, LETTER und INCHAR

Die Größe SYSIN.MORE ist ebenso wie die beiden anderen
vordefiniert (darf also im Programm nicht mehr deklariert
werden) und besitzt den Typ BOOLEAN. Sie hat den Wert TRUE,
solange der Zeiger SYSIN.POS des Eingabepuffers SYSIN.IMAGE
auf eine Position innerhalb des Puffers zeigt. Die Größe
SYSIN.MORE besitzt den Wert FALSE, wenn der Zeiger auf eine
Position zeigt, die größer ist als die Länge des Puffers.
Dies ist der Fall, wenn alle Zeichen aus dem Puffer gelesen
sind und kein weiteres mehr übertragen werden kann (ohne daß
der Zeiger durch die Anweisung SYSIN.SETPOS zurückgesetzt
wird). Da der Eingabepuffer 80 Positionen umfaßt, ist die Größe
SYSIN.MORE äquivalent dem arithmetischen Vergleich

      SYSIN.POS <= 80

   Mit Hilfe der Größe LETTER kann man testen, ob ein Zeichen
ein Buchstabe ist. Sie ist vordefiniert und besitzt den
Typ BOOLEAN. Falls die CHARACTER-Variable v in dem Aufruf
LETTER(v) ein Buchstabe ist, besitzt LETTER(v) den Wert TRUE,
sonst den Wert FALSE.

   Hierbei ist folgendes zu beachten:
Bei dem Test, ob die CHARACTER-Variable v ein Buchstabe ist,
wird nur geprüft, ob die Wertigkeit von v größer als die
Wertigkeit des Buchstabens A und gleichzeitig kleiner als
die Wertigkeit des Buchstabens Z ist, d.h.

      LETTER(v) ist äquivalent der Anfrage
      RANK("A") $\leqslant$ RANK(v) $\leqslant$ RANK("Z")

Dies hat zur Konsequenz, daß

  1) die Kleinbuchstaben a,...,z nicht als "Buchstaben"
     akzeptiert werden, und daß

  2) alle Bitmuster, die sich rechts von den Buchstaben
     I und R (siehe Tabelle, Seite 57) befinden, als
     "Buchstaben" angesehen werden.

Auf ähnliche Weise kann man prüfen, ob eine CHARACTER-
Variable v eine Ziffer gespeichert hat. Hierzu dient die
Größe DIGIT, die vordefiniert ist und den Typ BOOLEAN be-
sitzt. DIGIT(v) besitzt den Wert

TRUE, falls das Zeichen v eine Ziffer ist und
FALSE in allen anderen Fällen.

Die Größe DIGIT(v) ist äquivalent der Abfrage

RANK("0") ≤ RANK(v) ≤ RANK("9")

Mit Hilfe der Größe INCHAR kann man ein Zeichen aus dem
Eingabepuffer lesen. Es wird genau das Zeichen übertragen,
auf das der Positionszeiger gerade verweist, und etwa
bei einer Wertzuweisung

Z := INCHAR;

der Variablen Z vom Typ CHARACTER zugewiesen. Nach dem
Lesevorgang wird der Zeiger des Eingabepuffers um eine
Position weitergerückt.

Umgekehrt wird durch die Anweisung

OUTCHAR(v);

das Zeichen, das in der Variablen v vom Typ CHARACTER gespeichert ist, an die Stelle im Ausgabepuffer SYSOUT.IMAGE
übertragen, auf die der zugehörige Zeiger gerade verweist.
Anschließend wird der Zeiger um eine Position weitergerückt.
Natürlich darf man anstelle von v auch eine Zeichenkonstante angeben.

In der nachfolgenden Aufgabe 5.2 wollen wir die Lösung von
Beispiel 5.1 etwas variieren, indem der Text von der
Datenkarte in eine Textvariable gelesen wird und anschließend
die Längen der einzelnen Wörter in der Textvariablen bestimmt
werden. Bevor die Aufgabe gelöst werden kann, müssen einige
neue Anweisungen zum Lesen von Zeichen aus einem Textbereich beschrieben werden.

Es sei T eine Textvariable und es sei durch

      T :- BLANKS(80);

für diese Variable ein Textbereich bereitgestellt, der
den Inhalt einer Lochkarte aufnehmen kann. Nach der Anweisung INIMAGE; kann man den Inhalt des Eingabepuffers
an die Variable T übergeben, indem man

      T := INTEXT(80);

angibt. Allgemein wird durch die Anweisung

      INTEXT(n);

der Text in der Länge von n Zeichen aus dem Eingabepuffer
von der Position an übertragen, auf die der Zeiger SYSIN.POS
gerade zeigt. Die Summe aus der Angabe n und dem Zeiger
darf die Zahl 81 nicht überschreiten. Nach der Übertragung
des Textes weist der Zeiger unmittelbar hinter den übertragenen Text. (Der Zeiger des Empfangsfeldes wird dabei
nicht verändert).

Wenn man den Inhalt der gesamten Karte in die Textvariable T übertragen will, kann man auch schreiben

      T := SYSIN.IMAGE;

Dies ist möglich, weil der Eingabepuffer (ebenso wie der
Ausgabepuffer) als Textvariable aufgefaßt wird. Das bedeutet insbesondere, daß man sowohl den Eingabe- als auch
den Ausgabepuffer in einzelne Teilbereiche strukturieren
kann, wie wir es oben für Teiltexte (SUB) beschrieben haben.

Nachdem der Inhalt des Eingabepuffers in die Textvariable
übertragen ist, müssen nun die einzelnen Zeichen aus der
Textvariablen T "gelesen" werden, um dann zu prüfen, ob das
jeweilige Zeichen ein Buchstabe ist oder nicht. Aus einer
Textvariablen kann man ein Zeichen von der Position lesen,
auf die der zugehörige Zeiger gerade verweist, indem man
nach dem Namen der Textvariablen einen Dezimalpunkt und dann
das Schlüsselwort GETCHAR angibt. Nach dem Lesen des Zeichens
wird der zugehörige Zeiger um eine Position weitergerückt.

      Z := T.GETCHAR;

In die Variable Z vom Typ CHARACTER wird durch die Wertzuweisung das Zeichen übertragen, auf das im Textbereich von T

der zugehörigen Zeiger weist. Den zu der Textvariablen T
gehörenden Zeiger kann man mit Hilfe der Anweisung

       T.SETPOS(n);

auf die Position n setzen. Dabei muß der Wert von n zwischen
1 und der vereinbarten Länge des Textes liegen. Den momentanen Stand des Zeigers der Textvariablen T kann man im
Programm abfragen; sein Wert wird in der Größe

       T.POS

bereitgestellt. Die Länge eines Textes T wird in einer
Größe mit dem Namen

       T.LENGTH

bereitgehalten. Aus einem Text T kann man so lange einzelne
Zeichen übertragen, wie die Größe

       T.MORE

den Wert TRUE besitzt. Sie ist äquivalent mit der Abfrage

       $T.POS \leq T.LENGTH$

Durch die Anweisung

       T.PUTCHAR(v);

kann man in die Textvariable das Zeichen v an die Stelle
"schreiben", auf die der Zeiger von T gerade zeigt. Anschließend wird der Zeiger um eine Position weitergerückt.

Aufgabe 5.2

Das Programmbeispiel 5.1 soll in der Weise abgeändert
werden, daß der Inhalt einer Datenkarte jeweils in eine
Textvariable übertragen wird. Aus dieser Textvariablen
soll die Bestimmung der Wortlängen vorgenommen werden.

Aufgabe 5.3

Bitte schreiben Sie ein Programm, das es gestattet,
das Auftreten einer bestimmten Zeichenfolge in einem
Text zu zählen. Die Zeichenfolge soll auf einer Karte
vor den eigentlichen Daten ("Vorlaufkarte"), beginnend
in Spalte 1, angegeben und mit dem Zeichen "*" abgeschlossen werden.

Bei den Anweisungen ININT und INREAL zum Lesen von Zahlen
aus dem Eingabepuffer mußte auf den Lochkarten im Anschluß
an die Zahl ein Leerzeichen als Trennungszeichen eingegeben
werden. Für viele Anwendungen ist das ungeschickt, da man
durch die Trennungszeichen unnötigerweise Platz auf der Lochkarte verschwendet. Mit Hilfe der Anweisungen GETINT und
GETREAL kann man nun Zahlen vom Typ INTEGER oder REAL
"spaltengerecht" von der Lochkarte lesen.

Hierzu strukturiert man den Eingabepuffer SYSIN.IMAGE mit
Hilfe der Anweisung SUB(p,l) so, daß eine Textvariable t
auf den Bereich verweist, in dem die zu lesende Zahl steht.
Durch eine Anweisung in der Form

```
        n := t.GETINT; bzw.   x := t.GETREAL;
```

wird der entsprechende Zahlenwert gelesen und der Variablen
n bzw. x zugewiesen. Dabei muß man darauf achten, daß der
zu der Textvariablen t gehörende Zeiger in die erste
Position zeigt. Notfalls ist das durch die Anweisung

```
        t.SETPOS(1);
```

zu veranlassen. Nach dem Lesevorgang zeigt der zu t gehörende Pointer hinter den Textbereich, falls die Zahl
den gesamten Bereich von t ausfüllt, oder auf das der Zahl
unmittelbar folgende Zeichen. Da der Eingabepuffer SYSIN.IMAGE
als eine Textvariable aufgefaßt wird und ihm damit keine
Sonderrolle zugewiesen wird, gilt das gerade Gesagte auch
ganz allgemein für Textvariable.

Beispiel 5.2

```
    TEXT  A,B,C;
    INTEGER N1; REAL H;
    A :- 'EFGH-7.93423XYZ';
    B :- A.SUB(8,3);
    C :- A.SUB(5,10);
    B.SETPOS(1);
    C.SETPOS(1);
    N1 := B.GETINT;
    H := C.GETREAL;
```

Für die Textbereiche von A, B und C ergeben sich folgende
Beziehungen

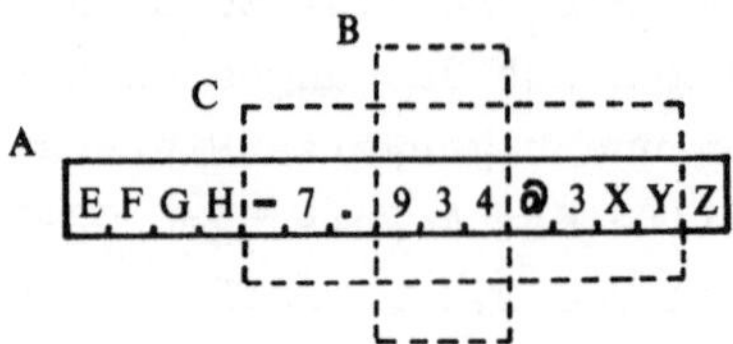

Durch die Anweisung

        N1 := B.GETINT;

wird aus dem Textbereich von B die Ziffernfolge 934 gelesen und ihr Dezimalwert der Variablen N1 übergeben.
Anschließend steht der Zeiger von B hinter der Ziffer 4.
Ein erneutes Lesen des Textbereichs von B würde den Wert Null
übermitteln, falls nicht vorher der Zeiger von B zurückgesetzt worden wäre.

   Für die Variable H wird durch

        H := C.GETREAL;

aus dem Textbereich von C die Zahl $-7{,}934 \cdot 10^3$ gelesen.
Der Zeiger von C weist anschließend auf das Zeichen X.
Ein erneutes Lesen (C.GETREAL oder G.GETINT) würde zu einer
Fehlermeldung führen, da der Zeiger nicht auf eine Ziffer,
ein Leerzeichen oder ein Sonderzeichen zur Darstellung einer
Zahl vom Typ REAL (+ - oder .) weist.

   Für die Variable H hätte derselbe Wert durch die beiden
Anweisungen

        A.SETPOS(5);
        H := A.GETREAL;

übertragen werden können. In diesem Fall würde anschließend
der Zeiger von A auf das Zeichen X verweisen.

Umgekehrt zu dem Lesevorgang kann man mit Hilfe der
Anweisungen

      PUTINT, PUTFIX und PUTREAL

Werte in eine Textvariable übertragen. Sie verhalten sich
fast so wie die Anweisungen

      OUTINT, OUTFIX und OUTREAL.

Es entfällt nur die Angabe für die Größe des Empfangsfeldes
(Feldweite w): sie wird implizit aus der Größe des Textbereiches entnommen. Vor die Schlüsselwörter PUTINT usw. muß
durch einen Dezimalpunkt getrennt der Name des Textes angegeben werden, in dessen Bereich der Wert übertragen werden
soll. Nach dem Schlüsselwort sind der Variablenname v (oder
der arithmetische Ausdruck) und - jedenfalls bei PUTFIX und
PUTREAL - die Anzahl a der hinter dem Komma auszudruckenden
Dezimalziffern in Klammern anzugeben.

Die Zahl wird rechtsbündig in den Textbereich übertragen;
dabei werden links stehende Zeichen gelöscht. Dies geschieht
unabhängig von der momentanen Stellung des zugehörigen
Zeigers, der anschließend hinter den Textbereich gesetzt wird.
War der Textbereich zur Aufnahme der Zahl zu klein bemessen,
wird der Textbereich mit Sternen gefüllt.

<u>Beispiel 5.3</u>
```
    INTEGER N;
    REAL Z;
    TEXT A,B,C;
    A :- BLANKS(5);
    B :- BLANKS(10);
    C :- BLANKS(12);
    N := -87;
    Z := 0.0791;
    A.PUTINT(N);
    B.PUTFIX(Z,4);
    C.PUTREAL(Z,4);
```

Nach den letzten 3 Anweisungen haben die Textbereiche von A, B
und C folgendes Aussehen:

A `[  -87]`   B `[    0.0791]`   C `[ 7.9100ə-02]`

Da mit den Anweisungen PUTINT, PUTFIX und PUTREAL jeweils
der gesamte Textbereich einer Textvariablen angesprochen
wird, muß man mit Hilfe der Größe SUB eine Unterteilung
des Textbereiches vornehmen, wenn man zwei oder mehr Zahlenwerte in eine Textvariable übertragen will.
So liefern z.B. die Anweisungen

```
B.SUB(1,3).PUTINT(N);
B.SUB(5,6).PUTFIX(Z,4);
```

für den Textbereich von B folgendes Ergebnis

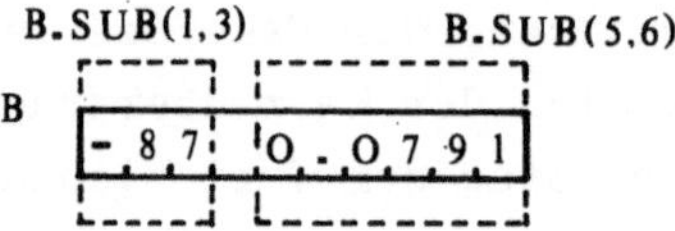

Analog zu der Anweisung OUTTEXT existiert die Möglichkeit,
mit Hilfe von PUTTEXT einen Text in eine Textvariable zu übertragen. Mit der Übertragung wird an der Stelle begonnen, auf
die der Zeiger des Empfangsfeldes gerade verweist. Der übrige
Textbereich bleibt unberührt. Nach der Übertragung zeigt der
Pointer des Empfangsfeldes unmittelbar hinter den gerade
übertragenen Text. Man muß sicherstellen, daß der zu über-
tragende Text in den Bereich zwischen momentaner Zeiger-
stellung und Ende des Textbereichs paßt, da sonst das Programm
mit einer Fehlermeldung abgebrochen wird.

<u>Beispiel 5.4</u>

```
TEXT A,B;
A :- NEWTEXT('1234567890');
B :- NEWTEXT('HIJK');
A.SETPOS(5);
A.PUTTEXT(B);
```

Nach diesen Anweisungen hat der Textbereich von A folgendes
Aussehen

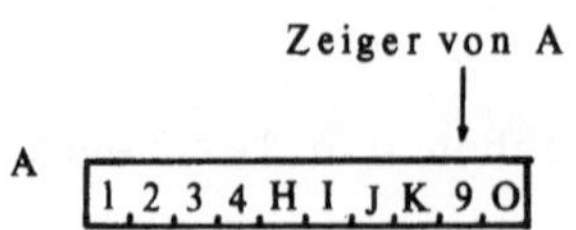

Falls man nur einen Teil des Textbereichs in einen anderen
übertragen will, hat man diesen durch SUB(p,l) anzugeben.
So lautet die entsprechende Anweisung z.B.

        A.PUTTEXT(B.SUB(2,3));

falls man nur die letzten 3 Zeichen von B nach A übertragen
möchte.

Aufgabe 5.4
    Für eine Bibliothek sollen für die Mehrfachexemplare
    der Lehrbuchsammlung die Buchsignaturen automatisch als
    Aufkleber erstellt werden. Hierfür soll an eine Grund-
    signatur ("Kartenart 1", s.u.), die einer Gruppe von
    Büchern gemeinsam ist, entweder eine für ein einzelnes Buch
    angegebene Zeichenfolge angehängt werden (Kartenart 2), oder
    es soll eine fortlaufende Nummer zwischen zwei Grenzen er-
    zeugt werden, die ohne Zwischenraum an die Grundsignatur
    zu hängen ist (Kartenart 3).

Kartenaufbau:

Kartenart 1

Kartenart 2

Kartenart 3

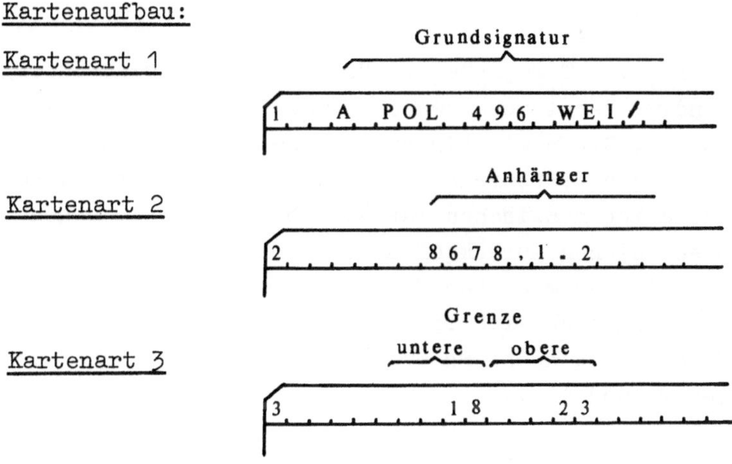

Nach der Kartenart 1 können die Kartenarten 2 und 3 für
die erste Signatur in beliebiger Reihenfolge eingegeben
werden, bis die nächste Grundsignatur durch eine Kartenart 1 folgt usw. Man kann davon ausgehen, daß die gesamte
erzeugte Signatur höchstens 25 Zeichen umfaßt.

In der Aufgabe 5.4 ist zu prüfen, ob das erste Zeichen
einer neu eingelesenen Karte die Ziffer 1, die Ziffer 2
oder die Ziffer 3 ist. Die Abfrage - falls in Z das erste
Zeichen gespeichert ist -

$$IF\ Z = "1"\ THEN\ ...$$

ist ein spezieller Fall von allgemeinen Vergleichsmöglich-
keiten zwischen Zeichen.

Wie wir oben (vergl. Seite 57) dargestellt haben, entspricht
jedem Zeichen ein eindeutig zugeordneter Zahlenwert zwischen
0 und 255. Ein Vergleich zwischen zwei Zeichen wird auf
einen Vergleich der ihnen zugeordneten Zahlenwerte zurückgeführt. Es werden so alle Vergleichsarten ermöglicht, wie sie
zwischen arithmetischen Ausdrücken erlaubt sind. Haben z.B.
die Variablen $Z1$ und $Z2$ den Typ CHARACTER, so sind die
Relationen

$$RANK(Z1) < RANK(Z2)$$

und $\qquad Z1 < Z2$

äquivalent.

Zum Sortieren von Textgrößen (z.B. Namen oder Stichwörter)
ist es notwendig, Vergleiche zwischen Textvariablen durchführen zu können. Gehen wir für einen Augenblick davon aus,
daß die zugehörigen Textbereiche dieselbe Länge besitzen, so
werden die Relationen zwischen Textvariablen auf Relationen
zwischen ihren Zeichen zurückgeführt. Hierzu werden die Zeichen,
die im Textbereich an gleicher Stelle stehen, miteinander verglichen. Beim Vergleich wird mit den am weitesten links
stehenden Zeichen begonnen. So ergibt sich z.B. bei den beiden
Textvariablen $T1$ und $T2$ mit

$$T1 :- \text{'FARBBAND'};$$
$$T2 :- \text{'FARBECHT'};$$

daß sie in ihren ersten vier Zeichen übereinstimmen.
Für die beiden fünften Zeichen gilt

$$"B" < "E",$$

da der Buchstabe B den Wert 194 besitzt, während E dem
Wert 197 zugeordnet ist. Damit gilt für die Textvariablen
die Relation

       T1 < T2.

Sind die Längen der beiden zu vergleichenden Textvariablen
unterschiedlich, so wird geprüft, ob sie sich in dem Bereich mit der kleineren Länge unterscheiden. Ist dies der
Fall, ergibt sich die Relation aus dem oben Gesagten.
Zum Beispiel gilt für

       T3 :- 'FARBE';

und der oben angegebenen Textvariablen T1 die Relation

       T1 < T3.

Vergleicht man dagegen T3 mit der oben angegebenen Textvariablen T2, so sind beide Textbereiche in der Länge von
T3 einander gleich. Da T2 aber länger als T3 ist, gilt

       T3 < T2.

Ein Sonderfall ergibt sich für den leeren Text, d.h. für
eine Textvariable, die auf NOTEXT verweist. Diese ist
kleiner als jede nicht leere Textvariable.

Als ein Anwendungsbeispiel soll folgende Aufgabe gelöst
werden:

<u>Aufgabe 5.5</u>

   Für ein Buch soll ein Stichwortverzeichnis erstellt
   werden. In den einzelnen Lochkarten wird in den
   Spalten 1 bis 30 das Stichwort und in
           31 bis 35 die Seitenzahl

   angegeben. Bitte schreiben Sie ein Programm, das bis
   zu 100 Stichwörter sortiert und auflistet.

Neben den Vergleichen zwischen Textvariablen mit den
Vergleichsoperatoren =,<,<=,>, und >=, die wir gerade
beschrieben haben, gibt es die Möglichkeit, zu prüfen, ob
eine Textvariable auf denselben Bereich eines Textbereichs
verweist wie eine andere Textvariable. Die momentane
Stellung des Zeigers beider Textvariablen bleibt dabei unberücksichtigt. Für die Abfrage auf Gleichheit des Verweises
wird der Operator == benutzt, für die Abfrage auf
Ungleichheit =/=. Verweist eine Textvariable T1 auf denselben Bereich wie eine andere Textvariable T2, d.h. liefert
der Vergleich

        T1 == T2

den Wert TRUE, so gilt dies auch für den Vergleich des
Inhalts

        T1 = T2.

Liefert der Vergleich

        T1 =/= T2

den Wert TRUE, so braucht daraus nicht für den Vergleich

        T1 /= T2

zu folgen, daß dieser ebenfalls den Wert TRUE besitzt, da
die Textinhalte der beiden verschiedenen Textinstanzen
gleich sein können.

6. Programmstruktur:
Zusammengesetzte Anweisungen, Blöcke, Unterprogramme

Im Abschnitt 3 haben wir auf Seite 18 kennengelernt, daß man durch die Schlüsselwörter BEGIN und END eine Folge von Anweisungen zu einer sogenannten "zusammengesetzten Anweisung" verklammern kann. Die Folge von Anweisungen fungiert dann als eine einzige Anweisung. Diese Tatsache haben wir bei späteren Aufgaben und Beispielen - etwa bei der Steuerung von Schleifen - ausgenutzt.

Andererseits kann man eine zusammengesetzte Anweisung als Spezialfall eines "Blockes" auffassen: Ein Block ist eine Einheit, die aus Deklarationen und nachfolgenden Anweisungen besteht und durch BEGIN und END verklammert ist. Eine zusammengesetzte Anweisung ist demnach ein Block, in dem der Deklarationsteil fehlt.

Ein Block darf überall dort angegeben werden, wo in einem Programm eine Anweisung stehen könnte, d.h. ein Block fungiert nach außen als eine einzelne Anweisung. Hieraus folgt insbesondere, daß Blöcke ineinander geschachtelt sein dürfen. Dies soll an einem Schaubild (Seite 74) verdeutlicht werden. Später wollen wir an Hand des Beispiels 6.1 zeigen, welchen Vorteil wir bei der Programmierung aus der Blockstruktur ziehen können.

Alle in einem Block deklarierten Variablen nennt man "lokal" in Bezug auf diesen Block; alle Variablen, die außerhalb in einem umfassenden Block deklariert sind, heißen "global" in Bezug auf den inneren Block. So sind in der umseitigen Zeichnung z.B. die Variablen $X3$ und F lokal in dem innersten Block und nur hier bekannt. Die Variablen B, $Z1$ und M sind lokal in Bezug auf den ersten inneren Block und global in Bezug auf den innersten Block. Sie sind als solche auch in dem innersten Block bekannt und sie dürfen z.B. in arithmetischen Ausdrücken

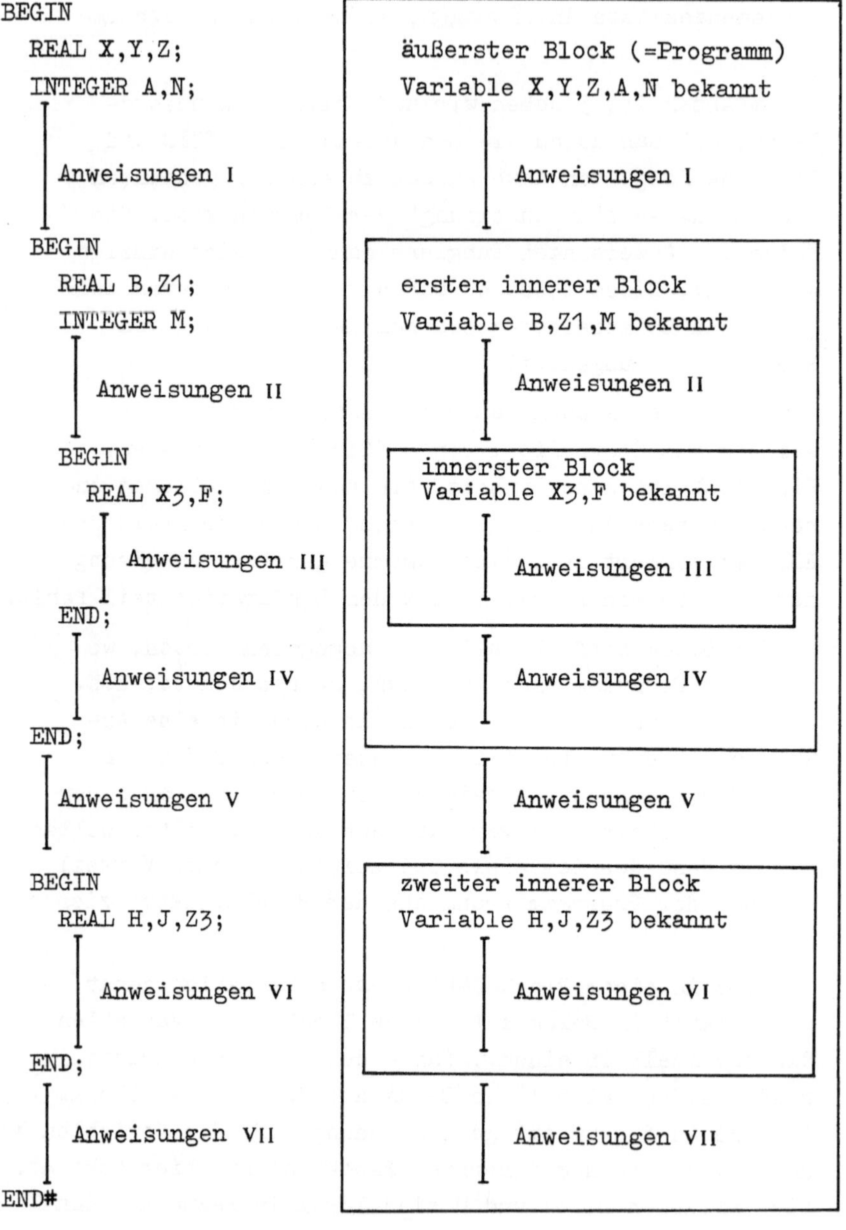
BEGIN
  REAL X,Y,Z;
  INTEGER A,N;

    Anweisungen I

  BEGIN
    REAL B,Z1;
    INTEGER M;

      Anweisungen II

    BEGIN
      REAL X3,F;

        Anweisungen III

    END;
      Anweisungen IV

  END;
    Anweisungen V

  BEGIN
    REAL H,J,Z3;

      Anweisungen VI

  END;
    Anweisungen VII
END#

äußerster Block (=Programm)
Variable X,Y,Z,A,N bekannt

    Anweisungen I

erster innerer Block
Variable B,Z1,M bekannt

    Anweisungen II

innerster Block
Variable X3,F bekannt

    Anweisungen III

    Anweisungen IV

    Anweisungen V

zweiter innerer Block
Variable H,J,Z3 bekannt

    Anweisungen VI

    Anweisungen VII

benutzt oder ihnen können Werte zugewiesen werden
(Anweisungen III), über die anschließend außerhalb des
innersten Blocks verfügt werden kann (Anweisungen IV).
Das gleiche gilt für die Variablen X,Y,Z, A und N des
äußersten Blocks: Sie sind als globale Variable auf
Grund der angegebenen Struktur in allen Blöcken bekannt.

Da stets als erstes geprüft wird, ob eine Variable
in einem Block deklariert ist, und erst danach, ob sie
in einem umfassenden Block deklariert wurde, darf man
in einem Block auch solche Variablennamen vergeben, die
in einem äußeren Block benutzt wurden. In dem inneren
Block gilt die neu deklarierte Variable als lokale
Variable. **Die** im äußeren Block vereinbarte Variable
gleichen Namens ist in dem inneren Block nicht bekannt.

<u>Beispiel</u>

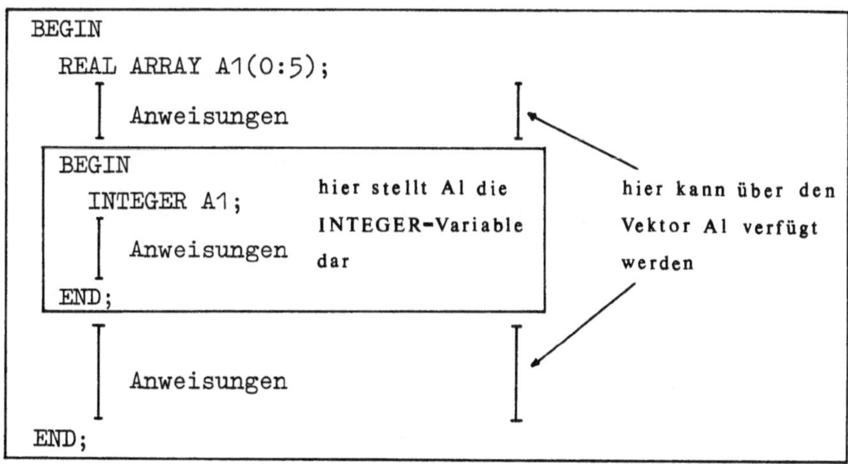

Um beim Programmieren Mißverständnissen vorzubeugen,
die durch gleiche Namen hervorgerufen werden können,
sollte man neu deklarierte Variablen in den verschiedenen
Blöcken unterschiedlich benennen.

Das zum Geltungsbereich von Variablennamen Gesagte gilt
analog auch für Marken, zu denen im Programmablauf verzweigt werden kann. Die Namen von Marken sind innerhalb
eines Blockes bekannt und auch in inneren Blöcken,

sofern der Name der Marke dort nicht für einen Variablennamen oder für eine andere Marke benutzt wird. Außerhalb
eines Blockes ist der Name einer Marke nicht bekannt. Dies
bedeutet, daß zwar von einem inneren Block aus zu einer
Marke in einem umfassenden Block verzweigt werden kann,
nicht jedoch von außen in einen Block hineingesprungen
werden darf.

Bisher waren als Grenzpaare für die Deklaration von
Vektoren oder Matrizen nur konstante Werte erlaubt. Legt
man die Deklaration eines Feldes jedoch in einen inneren
Block, so kann man in einem äußeren Block einer oder
mehreren Variablen entsprechende Werte z.B. über Datenkarten zuweisen und diese globalen Variablen bei der
Deklaration der Felder benutzen. Auf diese Weise kann man
die Grenzen eines Feldes variabel halten und sie erst mit
dem aktuellen Programmlauf festlegen. Diese sogenannte
"dynamische Feldvereinbarung" wollen wir am Beispiel der
Polynomberechnung verdeutlichen.

Beispiel 6.1

Die Größe des Koeffizientenvektors A des Polynoms $\sum\limits_{i=0}^{n} a_i x^i$
soll nach Einlesen des Polynomgrads n festgelegt
werden.

```
BEGIN
  INTEGER N;
  INIMAGE;
  N := ININT;
  BEGIN
    REAL ARRAY A(O:N);
          Anweisungen zum Einlesen
          von a_0, a_1,...,a_n
          und Berechnung der Polynomwerte
  END;
END#
```

Noch einen anderen Gesichtspunkt sollte man bei der
Programmierung mit Blöcken beachten: Bei dem "Betreten"
eines inneren Blocks wird im Kernspeicher ein neuer Bereich für diesen Block bereitgestellt. Beim Verlassen des
inneren Blocks wird dieser Bereich wieder freigegeben und
kann anschließend für einen anderen inneren Block erneut
belegt werden. Dies bedeutet zwar eine zusätzliche Ver-
waltungsarbeit für das Übersetzungsprogramm, erlaubt aber
andererseits eine bessere Auslastung des benötigten Kern-
speichers.

<u>Aufgabe 6.1</u>

Bitte ändern Sie das Programm zum Sortieren von Stichwörtern (Aufgabe 5.5) so ab, daß auf einer Vorlaufkarte
die maximale Zahl von Stichwörtern angegeben wird und
diese Zahl zur Deklaration des entsprechenden Vektors
benutzt werden kann.

Wenn man die Werte verschiedener Polynome an verschiedenen Stellen im Programm berechnen muß, ist es nicht zweckmäßig, die Polynomberechnung jeweils durch einen neuen
inneren Block durchführen zu lassen, wie es im Beispiel 6.1
angedeutet wurde. Hier ist es zweckmäßiger, die Berechnungs-
vorschrift ein einziges Mal in einem Unterprogramm anzugeben und sich dann an den einzelnen Stellen des Programms
den ermittelten Polynomwert durch einen Aufruf des Unterprogramms bereitstellen zu lassen. Da man durch die Benutzung von Unterprogrammen bei einem geringeren Aufwand
flexibler programmieren kann und außerdem die Programme auch
bei einer komplexeren Problemstellung übersichtlich bleiben,
wollen wir ausführlicher auf den Umgang mit Unterprogrammen
eingehen.

Bevor ein Unterprogramm aufgerufen werden kann, muß
es "beschrieben", d.h. deklariert sein. Dies ist in
Analogie zur Deklaration von Variablen zu sehen und meint,

daß ein Unterprogramm zu Beginn eines Blockes beschrieben
werden muß. Innerhalb dieses Blockes und seiner eventuell
vorhandenen inneren Blöcke ist der Name des Unterprogramms
bekannt, und es kann hier aufgerufen werden, nicht jedoch
außerhalb des Blockes. In der Regel wird man deshalb die
Deklaration von Unterprogrammen zu Beginn des Programms
vornehmen.

Man unterscheidet zwei Arten von Unterprogrammen:

- Funktionsunterprogramme oder Funktionsprozeduren und
- eigentliche Prozeduren.

Der Unterschied besteht einerseits in der Art ihres Aufrufs
und andererseits in der Übergabe von berechneten Werten.
Wir wollen zunächst die Funktionsunterprogramme behandeln.
Ihre Deklaration hat folgenden prinzipiellen Aufbau

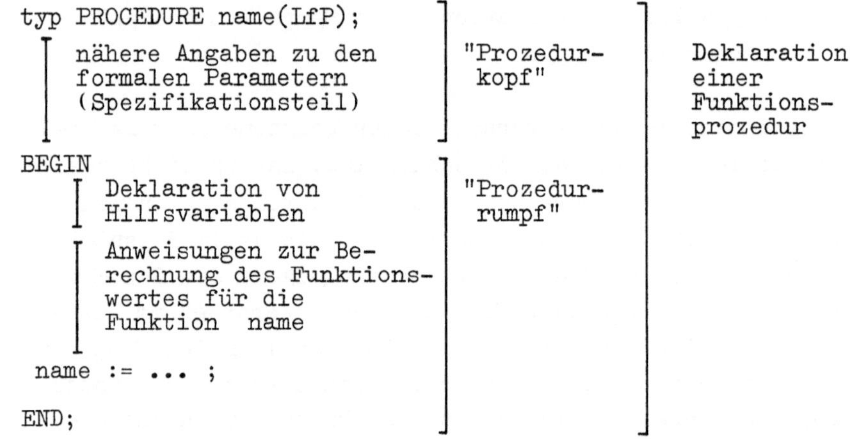

Für jedes Funktionsunterprogramm ist ein bestimmter Typ
anzugeben (oben angedeutet durch "typ"). Hierdurch wird
festgelegt, welchen Typ der berechnete Funktionswert besitzen soll. Es sind alle Angaben erlaubt, wie sie für
Variable vorgesehen sind und von denen wir bisher die
Festlegungen

BOOLEAN, CHARACTER, INTEGER, REAL und TEXT

kennengelernt haben.

Der Name des Unterprogramms wird nach dem Schlüsselwort
PROCEDURE angegeben. Entscheidend ist, daß in dem sogenannten Prozedurrumpf eine oder mehrere Wertzuweisungen an
den Namen des Unterprogramms erfolgen. Dies wurde in dem
prinzipiellen Aufbau durch

    name := ...;

angedeutet. Falls für die Prozedur der Typ TEXT vereinbart
wurde, kann auch eine Textreferenzzuweisung

    name :- ...;

an den Namen der Prozedur erfolgen.

Mit LfP wurde die "Liste der formalen Parameter"
abgekürzt. Mit ihrer Hilfe kann man in der Deklarationsphase beschreiben, in welcher Weise der Funktionswert
von welchen Größen (einfache Variable, Vektoren/Matrizen
oder andere Unterprogramme) abhängig ist. Die _formalen_
Parameter stellen Platzhalter für die _aktuellen_ Parameter
dar, die beim Aufruf des Unterprogramms an ihre Stelle treten.
In dem Spezifikationsteil wird festgelegt, welchen Typ die
einzelnen Parameter besitzen sollen und auf welche Weise
ihr jeweiliger Wert an das Unterprogramm übergeben werden
soll.

Die Spezifikation der Parameter darf nicht mit der
Deklaration von Variablen verwechselt werden. Es wird z.B.
kein Speicherplatz für die Variablen festgelegt, da bei dem
Aufruf des Unterprogramms mit den aktuellen Parametern ja
auf bereits deklarierte Variable (oder auf Konstanten)
zurückgegriffen wird. Aus diesem Grunde entfällt die Angabe
von Grenzpaaren für Vektoren und Matrizen. Es wird lediglich
mitgeteilt, daß für einen bestimmten formalen Parameter
später ein Vektor oder eine Matrix eines bestimmten Typs
treten soll, deren Größe bei deren Deklaration festgelegt wurde.

In dem Prozedurrumpf werden alle Anweisungen zur
Berechnung des Funktionswertes angegeben. Ist die Schaffung
von (Hilfs-) Variablen erforderlich, so müssen die Deklarationen zu Beginn des Prozedurrumpfes (oder zu Beginn
eines eingeschlossenen inneren Blockes) angegeben werden.

Die Anweisungen des Prozedurrumpfes brauchen sich nicht
auf die Berechnung des Funktionswertes zu beschränken:
Es sind beliebige "Nebenwirkungen" erlaubt, z.B. Ausgabe
von berechneten Werten oder Wertzuweisungen an globale
Variable. Man sollte sich aber in diesem Punkt eine gewisse
Selbstbeschränkung auferlegen und die Nebenwirkungen nur bei
den eigentlichen Prozeduren (siehe unten) zulassen.[*]

Falls sich die Berechnung des Funktionswertes mit einer
einzige Anweisung erledigen läßt, kann man auf die Angabe
der Blockstruktur BEGIN...END verzichten; als Prozedurrumpf
gilt dann nur die eine Anweisung. Als Beispiel sei hier die
Bestimmung des Absolutbetrages mit Hilfe einer bedingten
Wertzuweisung angegeben.

Beispiel 6.2

```
REAL PROCEDURE BETRAG(X);
   REAL X;
   BETRAG := IF X < O THEN -X ELSE X;
```

Als Beispiel für eine Funktionsprozedur wollen wir die
Berechnung von Polynomwerten in Form eines Unterprogramms
angeben. Das Polynom

$$y = \sum_{i=o}^{n} a_i x^i$$

ist abhängig von dem Polynomgrad n, dem Koeffizientenvektor A = $(a_o, a_1, \ldots, a_n)$ und der Stelle x.

---

[*] Während der Programmentwicklungsphase kann es allerdings
sehr hilfreich sein, sich auch aus einem Funktionsunterprogramm heraus berechnete Werte ausdrucken zu lassen.

<u>Beispiel 6.3</u>

```
  BEGIN
    REAL ARRAY B(0:2);                         ] Deklaration
    REAL X1,Y1;                                  der Variablen
    REAL PROCEDURE Y(N,A,X);        ] Prozedur-  ] Deklaration
      INTEGER N;                      kopf         des Funktions-
      REAL X;                                      unterprogramms Y
      REAL ARRAY A;                 ]
      BEGIN                         ] Prozedur-
        INTEGER K;                    rumpf
        REAL S;
        S := 0;
        FOR K := N STEP -1 UNTIL 0 DO
          S := S*X+A(K);
        Y := S;
      END;
    B(0) := 0.3; B(1) := 0.5; B(2) := -1;      ] Ausführung
    FOR X1 := -1 STEP 0.2 UNTIL 1 DO             des
    BEGIN                                        Programms
      Y1 := Y(2,B,X1);       <———————— Aufruf des Unterprogramms Y
      OUTFIX(X1,2,8); OUTFIX(Y1,4,10);
      OUTIMAGE;
    END;
  END#
```

Der Aufruf des Unterprogramms wird in dem Beispiel
an der Stelle

```
    Y1 := Y(2,B,X1);
```

vorgenommen. Allgemein darf ein Funktionsunterprogramm
überall dort aufgerufen werden, wo eine Variable desselben
Typs angegeben werden darf. So ist es erlaubt, die Funktion Y
in einem arithmetischen Ausdruck wie z.B. 3*Y(2,B,X1)+8
oder in einem arithmetischen Vergleich aufzurufen.

Der Aufruf des Unterprogramms wird mit den aktuellen Parametern durchgeführt, der Funktionswert berechnet und an der Stelle zur Verfügung gestellt, an der die Funktion aufgerufen wurde.

In dem Aufruf

$$Y(2,B,X1)$$

korrespondieren die Konstante 2 und der Wert von X1 mit den formalen Parametern N und X aus der Deklarationsphase des Unterprogramms. Überall, wo im Prozedurrumpf N bzw. X angegeben worden ist, werden jetzt die Werte der Konstanten 2 bzw. von X1 eingesetzt. Ebenso werden alle Komponenten des Vektors A ersetzt durch die Komponenten des Vektors B, der als aktueller Parameter in dem Aufruf des Unterprogramms angegeben wurde.

Nach diesen Ausführungen zu dem generellen Aufbau von Funktionsunterprogrammen wollen wir uns jetzt den eigentlichen Prozeduren zuwenden, um dann später den Informationsaustausch zwischen Unterprogramm und aufrufendem Teil des Programms genauer zu betrachten.

Die Deklaration der eigentlichen Prozedur hat folgenden prinzipiellen Aufbau

```
PROCEDURE name(LfP);                          ] Prozedur-     ] Deklaration
  [ nähere Angaben zu den                        kopf           einer
    formalen Parametern                                         eigentlichen
    (Spezifikationsteil)                       ]               Prozedur

BEGIN                                                          ] Prozedur-
  [ Deklaration von                                              rumpf
    Hilfsvariablen

  [ Folge von Anweisungen,
    die unter dem Namen der
    Prozedur zusammengefaßt
    werden sollen
END;                                          ]
```

Die Ausführungen zu dem Aufbau von Funktionsunterprogrammen gelten weitgehend auch für die eigentlichen
Prozeduren. Der Unterschied besteht darin, daß bei den
eigentlichen Prozeduren nicht ein einzelner Funktionswert berechnet wird, sondern eine Folge von Anweisungen
mit den Werten durchlaufen werden soll, die bei dem
Prozeduraufruf als aktuelle Parameter übermittelt werden.
Dementsprechend kann man für die eigentliche Prozedur
keinen Typ festlegen. Der Aufruf der Prozedur geschieht
als gesonderte Anweisung durch die Angabe des Prozedur-
namens und der aktuellen Parameter. Das Zusammenspiel
zwischen Deklaration und Aufruf einer eigentlichen Prozedur
wollen wir an einem Beispiel zur Ausgabe einer "Kurve" auf
dem Drucker darstellen.

<u>Beispiel 6.4</u>

Es soll eine Prozedur angegeben werden, die zu einer
gegebenen Wertefolge (gespeichert in einem Vektor)
eine graphische Ausgabe auf dem Drucker liefert.
Als Beispiel sollen die Werte des Tschebyscheff-Polynoms

$$y = 16x^5 - 20x^3 + 5x$$

im Intervall (-1,1) im Abstand 0,04 berechnet und mit
Hilfe der Prozedur "gezeichnet" werden.

Die Berechnung der Werte des Tschebyscheff-Polynoms
wird mit Hilfe des Funktionsunterprogramms Y vorgenommen,
wie es im Beispiel 6.3 beschrieben wurde. Hierbei wird
deutlich, daß man bei der Benutzung von Unterprogrammen
ein umfangreiches Programm aus einzelnen, vielleicht
schon früher ausgetesteten Teilen zusammensetzen kann.

```
BEGIN
 |  Deklarationen
 |  einschließlich Funktion y
 |

PROCEDURE GRAPH(XM,D,N,W);
   REAL XM,D;
   INTEGER N;
   REAL ARRAY W;
   BEGIN
      INTEGER J;
      REAL WMIN,WMAX,XX;
      PAGE; LINESPERPAGE(56);
      WMIN := WMAX := W(0);
      FOR J:= 1 STEP 1 UNTIL N DO
      BEGIN
         IF WMIN > W(J) THEN WMIN := W(J);
         IF WMAX < W(J) THEN WMAX := W(J);
      END;
      IF WMIN = WMAX THEN
      BEGIN
         OUTTEXT('WERTEFOLGE KONSTANT');
         OUTIMAGE;
         GOTO SCHLUSS;
      END;
      XX := XM;
      FOR J := 0 STEP 1 UNTIL N DO
      BEGIN
         OUTFIX(XX,2,8); OUTFIX(W(J),3,9);
         SYSOUT.SETPOS(20+100*(W(J)-WMIN)/(WMAX-WMIN));
         OUTCHAR("*");
         OUTIMAGE;
         XX := XX+D;
      END;
SCHLUSS:
      NULL;
   END;
    |  Berechnung der einzelnen Funktionswerte und Speicherung
    |  in den Komponenten 0 bis K des Vektors WERTE
   GRAPH(XMIN,DX,K,WERTE);

END#
```

In dem Rumpf der Prozedur GRAPH wird in der Deklarationsphase beschrieben, wie die Wertefolge $w_0, w_1, \ldots, w_n$ auf dem Drucker dargestellt werden soll. Es werden zunächst der minimale und der maximale Wert der Folge ermittelt, um festzuhalten, wie die einzelnen Werte maßstabsgerecht auf die 1o1 Druckpositionen von Position 2o bis 12o zu verteilen sind. Das eigentliche "Zeichnen" der Kurve geschieht, indem zeilenweise der Zeiger des Ausgabepuffers entsprechend gesetzt und das Zeichen "*" in diese Position übertragen wird. Zusätzlich werden die Werte des Arguments und der Funktion mit ausgedruckt.

Die so im Deklarationsteil beschriebene Prozedur GRAPH wird erst in dem Augenblick ihres Aufrufs

```
GRAPH(XMIN,DX,K,WERTE);
```

mit den aktuellen Werten XMIN, DX und K sowie dem Vektor WERTE aktiviert und ihre Befehlsfolge durchlaufen. Anschließend wird das Programm mit der Anweisung fortgesetzt, die dem Aufruf der Prozedur folgt; in unserem Beispiel wird das Programm beendet.

Aufgabe 6.2

Bitte berechnen Sie die Funktion

$$y = \frac{x^2-2x+1}{x^2+1}$$

im Intervall (-5,5) mit der Schrittweite 0,2 und geben Sie die Wertefolge in Anlehnung an Beispiel 6.4 graphisch aus.

Da man einzelne Unterprogramme u.U. in verschiedenen Programmen einsetzen möchte, muß man die Nebenwirkungen einer Prozedur auf ein Minimum beschränken. Insbesondere wird man fordern, daß die aktuellen Parameter nur in gezielten Fällen von der Prozedur verändert werden können. Aus diesem Grunde gibt es verschiedene Möglichkeiten der Übergabe von Parametern:

1) die Übergabe eines Wertes   ("call by value")
2) die Übergabe einer Variablen ("call by name")
3) die Übergabe eines Bezuges   ("call by reference").

Wir wollen uns die verschiedenen Arten der Parameterübergabe und insbesondere deren Konsequenzen zunächst
für Größen vom Typ BOOLEAN, CHARACTER, INTEGER und REAL
ansehen. Hierzu greifen wir auf das Beispiel 6.3 zurück
und betrachten den Prozedurkopf

```
REAL PROCEDURE Y(N,A,X);
    INTEGER N;
    REAL X;
    REAL ARRAY A;
```

sowie den späteren Aufruf

```
Y1 := Y(2,B,X1);
```

Für die Berechnung des Polynoms sind bei dem Aufruf nur
die Werte der aktuellen Parameter von Bedeutung. Deshalb
wird für die Parameter N und X implizit "call by value"
angenommen. Dies bewirkt folgendes:

Für die Parameter N und X wird in dem Prozedurrumpf jeweils eine Hilfsvariable deklariert, auf die
dann mit dem Namen N bzw. X verwiesen werden kann.
In dem Augenblick des Prozeduraufrufs wird der Wert des
aktuellen Parameters an die korrespondierende Hilfsvariable durch eine Wertzuweisung übergeben. In unserem
Beispiel wird also der Wert der Konstanten 2 an die
Hilfsvariable N des Prozedurrumpfes übergeben und entsprechend der Wert der Variablen X1 an die Hilfsvariable X.
Dieses Vorgehen hat drei Konsequenzen:

a) Es ist nicht erlaubt, im Prozedurrumpf den Namen
   des Parameters erneut zu deklarieren.

b) Eine Wertzuweisung im Prozedurrumpf an einen
   Parameter (etwa N := N+1;) stellt eine Wertzuweisung an die (lokale) Hilfsvariable   des

Prozedurrumpfes dar. Eine Wirkung nach außen, d.h.
in den aufrufenden Programmteil wird damit verhindert.

c) In dem Prozeduraufruf dürfen als aktuelle Parameter
(für N und X) arithmetische Ausdrücke eingesetzt
werden. Ihr Wert wird ermittelt, gegebenenfalls in
den Typ des formalen Parameters umgewandelt und dann
der Hilfsvariablen des Prozedurrumpfes zugewiesen.
So ist z.B.

$$Y1 := Y(2.5,A,X1+0.1);$$

ein formal richtiger Aufruf der Prozedur Y.

Das hier für die Parameter N und X Gesagte gilt entsprechend für formale Parameter mit dem Typ BOOLEAN und
CHARACTER. Auch für sie wird implizit "call by value"
angenommen. - Will man zur Verdeutlichung im Programm
angeben, daß es sich um eine Übergabe nur des Wertes handeln
soll, so hat man dies nach der Anweisung

REAL PROCEDURE Y(N,A,X);

und vor der Angabe des Typs der formalen Parameter festzulegen. Es geschieht durch das Schlüsselwort VALUE mit
anschließender Aufzählung aller formalen Parameter, für die
nur die Werte übergeben werden sollen. In unserem Beispiel
hätte es also explizit lauten können

VALUE N,X;

Will man einem Parameter mit dem Typ BOOLEAN, CHARACTER,
INTEGER oder REAL im Prozedurrumpf einen Wert zuweisen
und soll dieser Wert nach dem Prozeduraufruf in dem
aufrufenden Programmteil zur Verfügung stehen, so hat man
für diesen Parameter NAME zu spezifizieren. Damit wird
für diesen Parameter im Prozedurrumpf keine Hilfsvariable
bereitgestellt; vielmehr fungiert der formale Parameter im
Prozedurrumpf als Platzhalter für den aktuellen Parameter,
der im Augenblick des Prozeduraufrufs an allen Stellen eingesetzt wird, an denen der Name des formalen Parameters
in der Deklarationsphase angegeben wurde.

Eine Wertzuweisung an den Namen des formalen Parameters bewirkt im Augenblick des Prozeduraufrufs eine Wertzuweisung an den aktuellen Parameter. Anschließend kann im aufrufenden Programmteil über den zugewiesenen Wert verfügt werden. Auf folgendes soll bei der Parameterübergabe mittels Namen besonders hingewiesen werden:

a) Wird einem formalen Parameter, für den NAME vereinbart wurde, im Prozedurrumpf ein Wert zugewiesen, so muß beim Prozeduraufruf für den entsprechenden aktuellen Parameter ein Variablenname angegeben werden. Insbesondere führt ein arithmetischer Ausdruck oder eine Konstante als aktueller Parameter zum Abbruch des Programms.

b) Wird einem formalen Parameter, für den NAME vereinbart wurde, kein Wert zugewiesen, so darf als aktueller Parameter beim Prozeduraufruf ein arithmetischer Ausdruck oder eine Konstante angegeben werden. In diesem Fall wird der arithmetische Ausdruck an allen Stellen eingesetzt (und zur eindeutigen Auswertung eingeklammert), an denen der Name des formalen Parameters stand.

Die letztere der beiden angegebenen Möglichkeiten wird in dem nachfolgenden Beispiel zur näherungsweisen Berechnung eines Integrals ausgenutzt.

Beispiel 6.5

Es soll das Integral

$$\int_{-2}^{2} \frac{x^2-2x+1}{x^2+1} \, dx$$

näherungsweise mit Hilfe der Trapezregel berechnet werden. Hierzu soll das Integrationsintervall in 2o gleiche Teile unterteilt werden. Auf jedes Teilintervall ist die Trapezregel anzuwenden:

$$\int_{a}^{b} f(x)dx = \frac{b-a}{2} \left(f(a)+f(b) \right)+R$$

```
REAL PROCEDURE TRAPEZ(A,B,X,Y,N);
   NAME X,Y; VALUE A,B,N;
   INTEGER N;
   REAL A,B,X,Y;
   BEGIN
      REAL S,H;
      X := A;
      S := Y*0.5;
      X := B;
      S := S+Y*0.5;
      H := (B-A)/N;
      FOR X := A+H STEP H UNTIL B-H/2 DO
         S := S+Y;
      TRAPEZ := S*H;
   END;
```

Bei dem Aufruf

```
   Z := TRAPEZ(-2,2,X1,(X1**2-2*X1+1)/(X1**2+1),20);
```

werden an allen Stellen im Prozedurrumpf die formalen
Parameter X und Y durch X1 bzw. den arithmetischen Ausdruck ersetzt. Damit wird der Variablen X1 in der Zeile

```
      X := A;
```

der Anfangswert -2 zugewiesen. Dieser Wert X1 wird
bereits in der nächsten Zeile

```
      S := Y*0.5;
```

benutzt, da statt Y der Ausdruck ((X1**2-2*X1+1)/(X1**2+1))
eingesetzt wurde. Nach Durchlaufen der restlichen Anweisungen des Unterprogramms sind auf S die Ordinatenwerte
akkumuliert, die mit der Schrittweite H multipliziert einen
Näherungswert für das Integral ergeben.

Normalerweise wird man die Berechnung eines Integrals
nicht in der gerade dargestellten Weise durchführen.
Zum einen kann der Integrand eine komplizierte Funktion
darstellen, zum anderen kann es erforderlich sein, keine
Rückwirkungen auf das aufrufende Programm zuzulassen.
Es soll deshalb in der folgenden Aufgabe als Abänderung von
Beispiel 6.5 der Integrand als Funktionsunterprogramm ange-
geben werden.

<u>Aufgabe 6.3</u>

Es soll das Integral

$$\int_a^b f(x)\,dx$$

für die Funktion $f(x) := \dfrac{x^2-2+1}{x^2+1}$

und für das Integrationsintervall $(-2,2)$ näherungsweise
mit Hilfe der Trapezregel bestimmt werden.

<u>Hinweis:</u> Ist ein Unterprogramm als Parameter eines
anderen Unterprogramms vorgesehen, so muß in
dem Spezifikationsteil der Name des formalen
Parameters nach dem Schlüsselwort

PROCEDURE

im Fall der eigentlichen Prozedur oder nach

typ PROCEDURE

im Fall von Funktionsprozeduren angegeben werden.
Anstelle von typ ist der Typ des Funktionsunter-
programmes anzugeben.

Es ist möglich, für ein Feld, d.h. einen Vektor oder eine
Matrix, "call by value" zu vereinbaren, um sicherzustellen,
daß ein Feld als aktueller Parameter nicht durch das aufge-
rufene Unterprogramm verändert wird. Hiervon wird man aber
in der Regel absehen, da es einen zusätzlichen Bedarf an
Kernspeicherplatz und an Rechenzeit zur Folge hat: Einmal
werden nach der Festlegung VALUE für alle Komponenten des
aktuellen Parameters Speicherplätze benötigt und zum anderen
müssen entsprechend viele Wertzuweisungen an die Komponenten
des Hilfsfeldes durchgeführt werden. Man läßt deshalb lieber
zu, daß die Komponenten des Feldes beim Aufruf des Unterpro-
grammes "ungeschützt" und damit veränderbar etwa durch Wertzuweisungen sind. In Anlehnung an die Übergabe von TEXT-
Variablen - die noch darzustellen ist - spricht man in diesem
Fall auch von "call by reference". Diese Bezeichnung ist
mehr im Hinblick auf die Realisierung der Übergabe des Feldes

zu sehen als auf die Handhabung im Programm. Für den Benutzer
stellt sich die implizit angenommene Übergabe "call by reference"
genauso dar wie die möglicherweise explizit geforderte Übergabe
"call by name".

Falls man für einen formalen Parameter mit dem Typ TEXT
im Prozedurkopf keine Angaben über den geforderten Über-
gabemodus macht, wird "call by reference" angenommen. Dies
hat zur Folge, daß im Prozedurrumpf eine Hilfsvariable vom
Typ TEXT mit dem Namen des formalen Parameters bereitgestellt wird. Beim Aufruf der Prozedur wird für diese Hilfsvariable automatisch durch eine Referenzzuweisung (:-) ein
Bezug auf den aktuellen Parameter hergestellt. Damit ist
eine Veränderung des Inhalts von dem Textbereich des aktuellen
Parameters möglich (durch eine Textwertzuweisung := oder
durch PUTTEXT). Der Bezug des aktuellen Parameters kann nicht
geändert werden; denn eine Textreferenzzuweisung an den
formalen Parameter stellt eine Textreferenzzuweisung an die
Hilfsvariable dar, die keine Änderung des bisherigen Bezuges
des aktuellen Parameters zur Folge hat. Will man den Bezug
eines aktuellen Parameters ändern, so muß man für den formalen Parameter die Übergabe durch "call by name" vereinbaren.

Für einen formalen Parameter mit dem Typ TEXT kann man
andererseits die Übergabe durch "call by value" vereinbaren.
In diesem Fall wird automatisch bei dem Aufruf der Prozedur
eine neue Textinstanz geschaffen, deren Textbereich dieselbe Länge erhält wie der Textbereich des zugehörigen
aktuellen Parameters. Anschließend wird der Textbereich des
aktuellen Parameters in die neu geschaffene Instanz übertragen. Auf diese Weise wird verhindert, daß durch den Prozeduraufruf der aktuelle Parameter verändert wird.

Ein Schlüsselwort, das ausweist, daß ein Parameter durch
"call by reference" übergeben werden soll, ist nicht vorgesehen. Diese Übergabeart ergibt sich implizit dadurch, daß
für die entsprechenden Parameter, für die eine Übergabe
mittels Referenz möglich ist, weder eine Übergabe durch
"call by value" noch durch "call by name" explizit (d.h. für
Felder und TEXT) festgelegt wird.

Wir haben in den Beispielen und Aufgaben darauf geachtet,
daß die Variablen, die zu den Berechnungen im Unterprogramm
erforderlich waren, entweder als Parameter aufgeführt oder
im Prozedurrumpf deklariert wurden. Da ein Unterprogramm
im Augenblick des Prozeduraufrufs wie ein (fiktiver)
innerer Block abgearbeitet wird, liegt es nahe, den Informationsaustausch des fiktiven Blocks mit seiner Umgebung in gleicher Weise vorzunehmen, wie es zu Beginn
dieses Abschnitts für die Blockstruktur beschrieben wurde.
Dies besagt, daß jeder Variablenname, der weder als formaler
Parameter angegeben noch als Hilfsvariable im Prozedurrumpf deklariert ist, als globale Variable aufgefaßt wird.
Über die globalen Variablen kann dann ebenfalls Information
ausgetauscht werden.

Dies ist zwar möglich, aber nicht uneingeschränkt zu
empfehlen: Man greift auf die Unterprogrammtechnik zurück,
um möglichst in sich abgeschlossene Programmteile zu erhalten, die mit ihrer Umgebung in möglichst leicht zu über-
schauender Weise Information austauschen. Dieses Prinzip
wird mit der Benutzung globaler Variablen verletzt.

7. Rekursive Prozeduren; vorgegebene Unterprogramme

In dem vorausgegangenen Abschnitt haben wir den Aufruf einer Prozedur stets von dem Block aus vorgenommen, in dem die Prozedur definiert wurde. Dies ist nicht die einzige Möglichkeit des Aufrufs; vielmehr kann sich jede Prozedur selbst (Funktionsprozedur oder eigentliche Prozedur) mit einer anderen Liste von aktuellen Parametern aufgerufen. Eine derartige Prozedur, die sich in ihrem Prozedurrumpf selbst aufruft, nennt man rekursive Prozedur.

Nun ist es sicher nicht notwendig, daß eine Programmiersprache den rekursiven Aufruf von Unterprogrammen ermöglicht: Jedes Problem, das anscheinend zu einem rekursiven Aufruf tendiert, kann man durch einen anderen Programmaufbau ohne rekursives Unterprogramm lösen. Andererseits ist es oft elegant, eine Aufgabe "rekursiv" zu lösen. Man ist um einer bestechenden Programmlogik willen sogar bereit, einen höheren Bedarf an Rechenzeit in Kauf zu nehmen. Wir wollen deshalb zwei Programmbeispiele mit rekursiven Prozeduren angeben,und zwar ein Beispiel mit einer Funktionsprozedur und ein Beispiel mit einer eigentlichen Prozedur.

Beispiel 7.1

Wir wollen das Tschebyscheff-Polynom 5. Grades im Intervall (-1,1) mit einer Schrittweite von 0,1 berechnen (vergl. Beispiel 6.4, Seite 83).

Für die Tschebyscheff-Polynome gilt, daß sie gewissen Orthogonalitätsbeziehungen genügen und ferner, daß ihre relativen Extrema abwechselnd die Werte +1 und -1 annehmen. Für sie gilt die Rekursionsformel

$$T_n(x) = 2 \cdot x \cdot T_{n-1}(x) - T_{n-2}(x)$$

wobei die Anfangspolynome durch

$$T_0(x) = 1 \qquad\qquad T_1(x) = x$$

gegeben sind.

Auf diese Rekursionsformel stützt sich unser folgendes
Programm.

```
    BEGIN
        REAL X1,Y;
        REAL PROCEDURE T(N,X);
        NAME X;
        INTEGER N; REAL X;
        BEGIN
            IF N = 0 THEN T := 1;
            IF N = 1 THEN T := X;
            IF N >= 2 THEN T := 2*X*T(N-1,X)-T(N-2,X);
        END;
        X1 := -1;
        WHILE X1 <= 1.05 DO
        BEGIN
            Y := T(5,X1);
            OUTFIX(X1,2,6); OUTFIX(Y,3,10); OUTIMAGE;
            X1 := X1+0.1;
        END;
    END#
```

   Der erste Aufruf des Unterprogramms geschieht in der
Anweisung

```
    Y := T(5,X1);
```

Da der vordere aktuelle Parameter (5) größer als 1 ist,
wird innerhalb des Prozedurrumpfes die bedingte Anweisung

```
    IF N >= 2 THEN T := 2*X*T(N-1,X)-T(N-2,X);
```

durchlaufen, wobei jetzt für N-1, N-2 und X die aktuellen
Werte 4, 3 und X1 eingesetzt werden. Es werden also die
Aufrufe

```
    T(4,X1) und T(3,X1)
```

veranlaßt. Sie bewirken ihrerseits wieder je 2 Aufrufe des
Unterprogramms T. Erst dann, wenn der vordere aktuelle
Parameter auf 0 bzw. 1 reduziert wurde, kann der Prozeduraufruf befriedigt werden, ohne einen neuen Aufruf des Unterprogramms T zu veranlassen. Anschließend können rückwärts
alle Prozeduraufrufe erfüllt und die auf diesem Wege liegen-
den und noch nicht abgearbeiteten arithmetischen Ausdrücke
berechnet werden.

In der Rechenanlage wird folgende Struktur von Unter-
programmaufrufen aufgebaut und durchlaufen (t_k steht dabei für den Aufruf von T(K,X).).

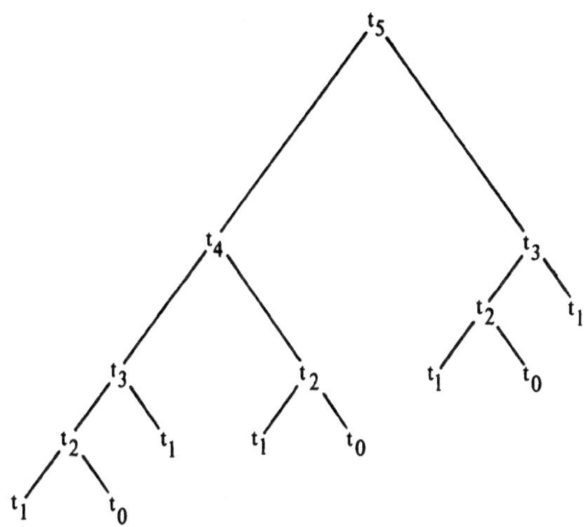

An Hand der Zeichnung sieht man, daß einzelne Programm-
aufrufe mehrfach vorgenommen werden müssen, um den Funktionswert auf der geforderten Ebene bereitzustellen. Man erkauft
sich die elegante rekursive Schreibweise mit einer größeren
Rechenzeit und einem beachtlichen zusätzlichen Bedarf an
Kernspeicherplatz. - Zum Vergleich wird im Lösungsteil eine
alternative Lösung zur Berechnung des Tschebyscheff-Polynoms
angegeben, die ebenfalls auf die Rekursionsformel zurückgreift, aber ohne rekursiven Prozeduraufruf auskommt.

<u>Aufgabe 7.1</u>

Bitte berechnen Sie das Laguerre-Polynom 5. Grades $L_5(x)$
im Intervall (0,8) mit einer Schrittweite 0,5 mit Hilfe
der Rekursionsformel

$$L_0(x) = 1$$

$$L_1(x) = x+1$$

$$L_n(x) = \frac{1}{n}((2n-1-x)L_{n-1}(x) - (n-1)L_{n-2}(x)) \quad \text{für} \quad n = 2,3,\ldots$$

und stellen Sie das Polynom graphisch dar.

In dem nachfolgenden Beispiel 7.2 soll in einer
rekursiven eigentlichen Prozedur das Pascalsche Dreieck
berechnet und ausgedruckt werden.
Wir betrachten zunächst einmal die Binome

$$(a+b)^n \qquad n = 0,1,\ldots$$

Sie werden zerlegt und die einzelnen Summanden nach
Potenzen von a bzw. b geordnet:

$$(a+b)^0 = \underline{1}$$
$$(a+b)^1 = \underline{1}\cdot a + \underline{1}\cdot b$$
$$(a+b)^2 = \underline{1}\cdot a^2 + \underline{2}ab + \underline{1}\cdot b^2$$
$$(a+b)^3 = \underline{1}\cdot a^3 + \underline{3}a^2b + \underline{3}ab^2 + \underline{1}\cdot b^3$$

Trägt man nur die Koeffizienten ("Binomialkoeffizienten")
in der obigen Anordnung auf, so erhält man das sog. Pascalsche
Dreieck,

$$
\begin{array}{ccccccccc}
 & & & & 1 & & & & \\
 & & & 1 & & 1 & & & \\
 & & 1 & & 2 & & 1 & & \\
 & 1 & & 3 & & 3 & & 1 & \\
1 & & 4 & & 6 & & 4 & & 1
\end{array}
$$

in dem sich die Werte einer jeden Zeile - abgesehen von der
ersten und letzten Zahl - aus der vorhergehenden durch
Addition der beiden benachbarten Werte ergeben. Das Bildungs-
gesetz des Pascalschen Dreiecks ist ein Abbild der Rekursionsformel für die Binomialkoeffizienten

$$a_{n+1,k} = a_{n,k} + a_{n,k-1} \qquad \text{für } k = 1,2,\ldots n$$

Diese Rekursion kann man auch unmittelbar aus der Definitions-
gleichung für die Binomialkoeffizienten

$$a_{n,k} = \frac{n!}{(n-k)!\,k!}$$

ablesen.*)

---

*) Gewöhnlich gibt man den Binomialkoeffizienten $a_{n,k}$
   in der Form $\binom{n}{k}$ - gesprochen: n über k - an, womit die
   Rekursionsformel dann lautet $\binom{n+1}{k} = \binom{n}{k} + \binom{n}{k-1}$

<u>Beispiel 7.2</u>

Es soll das Pascalsche Dreieck mit Hilfe einer
rekursiven Prozedur berechnet und ausgedruckt werden.

```
BEGIN
    INTEGER ARRAY A(0:15);
    PROCEDURE PASCAL(N,A);
    INTEGER N; INTEGER ARRAY A;
    BEGIN
        INTEGER ARRAY B(0:N);
        INTEGER K;
        A(0) := A(N) := 1;
        IF N >= 1 THEN PASCAL(N-1,B);
        FOR K := 1 STEP 1 UNTIL N-1 DO
            A(K) := B(K)+B(K-1);
        SYSOUT.SETPOS(65-N*4);
        FOR K := 0 STEP 1 UNTIL N DO
        BEGIN
            OUTINT(A(K),5);
            SYSOUT.SETPOS(SYSOUT.POS+3);
        END;
        OUTIMAGE;
    END;
    SPACING(3);
    PAGE;
    PASCAL(15,A);
END#
```

Der Aufruf der Prozedur geschieht durch die Anweisung

```
PASCAL(15,A);
```

mit der Konstanten 15 und dem Vektor A, der die letzte Zeile
des Pascalschen Dreiecks aufnehmen soll. Bevor die letzte
Zeile aus der vorletzten Zeile berechnet werden kann, muß
diese Zeile durch einen erneuten Aufruf der Prozedur ermittelt
werden. Dies geschieht durch

```
PASCAL(N-1,B);
```

innerhalb des Rumpfes der Prozedur PASCAL und mit dem dort
deklarierten Vektor B als aktuellem Parameter anstelle des
formalen Parameters A. Die Aufrufe der Prozedur wiederholen
sich so lange, bis der vordere Parameter bis auf Null

reduziert worden ist. Nun wird die Spitze des Pascalschen
Dreiecks ausgegeben, womit der zuletzt durchgeführte Aufruf der Prozedur abgearbeitet ist. Anschließend können die
nachfolgenden Zeilen berechnet und ausgedruckt werden. Dies
wiederholt sich so lange, bis die letzte Zeile des Pascalschen
Dreiecks ausgegeben ist.

Durch die Anweisung

```
SYSOUT.SETPOS(65-N*4);
```

wird mit dem Ausdrucken jeder nachfolgenden Zeile um vier
Druckpositionen früher begonnen, und durch die Anweisung

```
SYSOUT.SETPOS(SYSOUT.POS+3);
```

wird zwischen je 2 Ausgabefeldern für Zahlen ein Zwischenraum
von drei Druckpositionen bewirkt. Um das Dreieck "wirkungsvoll"
auf einer Druckseite zu placieren, wurden durch die Anweisung

```
SPACING(3);
```

zwischen je zwei aufeinanderfolgende Ausgabezeilen zwei
Leerzeilen erzeugt.

<u>Aufgabe 7.2</u>

Bitte schreiben Sie das Programm zur Ausgabe des Pascalschen
Dreiecks so um, daß kein rekursiver Prozeduraufruf erforderlich wird.

<u>Aufgabe 7.3</u>

Für die Vermittlung von Wohnungen soll ein Programm angegeben werden, das den Ringtausch von Wohnungen ermöglicht:
Ein Mieter bietet seine Wohnung mit der Eigenschaft A_1 an
und sucht gleichzeitig eine neue Wohnung mit der Eigenschaft S_1.
Die Aufgabe besteht nun darin, unter den Tauschanbietern einen
oder mehrere Tauschpartner zu finden, so daß im Rahmen eines
Ringtausches die Bedürfnisse aller Beteiligten befriedigt
werden. Zur Vereinfachung werden alle Tauschangebote auf den
ersten beiden Datenkarten beschrieben:

<u>1. Karte:</u>

In der Spalte i die Eigenschaften des Wohnungsangebots des
Tauschanbieters i ($i \leq 80$), symbolisiert durch einen Buchstaben.

<u>2. Karte:</u>

In der Spalte i die Eigenschaften der gewünschten Wohnung
des Tauschanbieters i, ebenfalls symbolisiert durch einen
Buchstaben.

<u>3. Karte:</u>

In den Spalten 1 u. 2 werden das Angebot und das Gesuch
eines neuen Tauschanbieters charakterisiert, für den es
einen Ringtausch zu suchen gilt.

Nachdem wir in dem vorausgegangenen Abschnitt 6 die
Deklaration und den Aufruf von Unterprogrammen kennengelernt
und in dem ersten Teil dieses Abschnitts den rekursiven Aufruf von Prozeduren beschrieben haben, wollen wir uns nun
den vorgegebenen Unterprogrammen zuwenden. Hierbei handelt
es sich um Unterprogramme, die vom Hersteller der Rechenanlage bereitgestellt werden und die in dem Benutzerprogramm
so aufgerufen werden können, als ob sie zu Beginn des Programms
in Anlehnung an Abschnitt 6 deklariert worden wären.

Im Hinblick auf ihren Anwendungsbereich kann man die
vorgegebenen Prozeduren in vier verschiedene Gruppen einteilen:

     I. mathematische Funktionen
    II. Prozeduren zur Text- und Zeichenverarbeitung
   III. Prozeduren zur Ein- und Ausgabe
   IV. Prozeduren, die im Zusammenhang mit der
       Simulation stehen (auf sie soll erst im
       Abschnitt 12 eingegangen werden).

<u>I. Mathematische Funktionen</u>

Bei den mathematischen Unterprogrammen handelt es sich
ausschließlich um Funktionsprozeduren vom Typ REAL oder
INTEGER. Ihre Namen und die jeweilige Bedeutung sowie den
Aufruf kann man aus der umseitigen Tabelle entnehmen.

In der ersten Spalte der Tabelle haben wir den Namen und
gleichzeitig den Aufruf der Funktionsunterprogramme angegeben.
Die Argumente x und y stehen dabei für aktuelle Parameter mit
dem Typ REAL und n und m für Parameter vom Typ INTEGER. Wie
wir schon früher gesehen haben, dürfen als aktuelle Parameter
auch arithmetische Ausdrücke mit einem nicht passenden Typ
angegeben werden; in diesem Fall wird der arithmetische Ausdruck ausgewertet und bezüglich seines Typs entsprechend
angepaßt.

Name	Typ des Ergebnisses	Hinweise
ABS(x)	R	$\|x\|$
ARCCOS(x)	R	Umkehrfunktionen zu
ARCSIN(x)	R	COS, SIN bzw. TAN
ARCTAN(x)	R	
COS(x)	R	x im Bogenmaß
COSH(x)	R	$(e^x + e^{-x})/2$
ENTIER(x)	I	größte ganze Zahl, die kleiner oder gleich x ist
EXP(x)	R	e^x
FLOAT(n)	R	Umwandlung in eine Zahl v.Typ REAL
FLOOR(x)	R	Funktionswert entspricht FLOAT (ENTIER(x))*)
IABS(n)	I	$\|n\|$
IMAX(n,m)	I	größerer bzw. kleinerer Wert
IMIN(n,m)	I	der beiden Argumente n und m
LN(x)	R	
LOG(x)	R	ln x (Umkehrfunktion zu e^x)
LOGN(x)	R	
LOG10(x)	R	Logarithmus zur Basis 1o
MAX(x,y)	R	größerer bzw. kleinerer Wert der
MIN(x,y)	R	beiden Argumente x und y
MOD(m,n)	I	n – n// m * m
SIGN(x)	R	-1 für x < o; o für x = o; $+1$ für x < o
SIN(x)	R	x im Bogenmaß
SINH(x)	R	$(e^x - e^{-x})/2$
SQRT(x)	R	$\sqrt{x}$
TAN(x)	R	tg(x)
TANG(x)	R	
TANH(x)	R	$(e^x-e^{-x})/(e^x+e^{-x})$

---

*) Man beachte, daß ein Zwischenwert vom Typ INTEGER gebildet
wird. Bei Überschreiten des Zahlenbereichs erfolgt keine
Fehlermeldung.

II Prozeduren zur Text- und Zeichenverarbeitung

Im Abschnitt 5 haben wir die Prozeduren zur Text- und Zeichenverarbeitung im einzelnen dargestellt, ohne es besonders zu erwähnen, daß es sich dabei um bereitgestellte Unterprogramme handelt. Wir wollen deshalb alle Prozeduren zur Textverarbeitung in der nachfolgenden Tabelle zusammenstellen.

Name	Typ des Erg.	Arg.	Seite	Hinweise
BLANKS(k)	T	I	50	Reservieren eines Textbereichs für k Zeichen
CHAR(k)	C	I	59	liefert das k zugeordnete Zeichen (k=o,...,255)
COPY(s)	T	T	53	kopiert Inhalt von s in neuen Textbereich
DIGIT(z)	B	C	62	prüft z auf Ziffer
s.GETCHAR	C	–	63	liest ein Zeichen aus Text s
s.GETINT	I	–	65	liest eine Zahl aus Text s
s.GETREAL	R	–	65	
s.LENGTH	I	–	64	Anzahl der Zeichen von s
LETTER(z)	B	C	60	prüft Zeichen z auf Buchstabe
s.MAIN	T	–	(55)	liefert Bezug zu Hauptbeschreiber von s
s.MORE	B	–	64	prüft s.POS ≤ s.LENGTH
NEWTEXT(s)	T	T	52	wie COPY(s)
s.POS	I	–	64	liefert Wert des Zeigers, relativ zum Textanfang von s
s.PUTCHAR(z)	–	C	64	überträgt Zeichen z in Textbereich von s
s.PUTFIX(x,a)	–	R	67	überträgt Zahl x bzw. k in Textbereich von s
s.PUTINT(k)	–	I	67	
s.PUTREAL(x,a)	–	R	67	
s.PUTTEXT(t)	–	T	68	überträgt Text t in Textbereich von s
RANK(z)	I	C	59	liefert den z zugeordneten Wert
s.SETPOS(k)	–	I	64	setzt den Zeiger von s in Position k
s.STRIP	T	–	169	liefert von nachfolgenden Leerzeichen bereinigten Text
s.SUB(p,l)	T	I	54	liefert Teiltext von s, von Position p in der Länge l

III Prozeduren zur Ein- und Ausgabe

Die Ein- und Ausgabe von Daten vollzieht sich ebenfalls
mit Hilfe von Unterprogrammen. Einen Teil davon haben wir im
Abschnitt 4 bereits kennengelernt. Wir geben ihn hier zur
Übersicht nochmals an, wobei auf Prozeduren zur Pufferver-
waltung verzichtet werden kann, da sie schon unter II ange-
führt sind.

Name	Typ des Erg.	Arg.	Seite	Hinweise
EJECT(k)	–	I	47	Vorschub bis Zeile k einer Druckseite
ENDFILE	B	–	37	Abfrage auf Ende einer Eingabedatei
INCHAR	C	–	62	Überträgt 1 Zeichen aus Eingabepuffer
INIMAGE	–	–	30	Karte ⟶ Eingabepuffer
ININT	I	–	30	Lesen einer Zahl
INREAL	R	–	30	aus dem Eingabepuffer
INTEXT(k)	T	I	63	Lesen eines Textes der Länge k aus dem Eingabepuffer
LINE	I	–	47	gibt an, welche Zeile einer Seite als nächstes zu beschreiben ist
LINESPERPAGE(k)	–	I	46	es sollen k Zeilen pro Seite beschrieben werden $(1 \leqslant k \leqslant 56)$
OUTCHAR(z)	–	C	62	überträgt z in Ausgabepuffer
OUTFIX(x,a,w)	–	R	42	Übertragen von Zahlenwerten
OUTINT(k,w)	–	I	40	in den Ausgabepuffer
OUTREAL(x,a,w)	–	R	40	
OUTIMAGE	–	–	40	Ausgabepuffer ⟶ Drucker
OUTTEXT(t)	–	T	44	Überträgt Text t in Ausgabepuffer
PAGE	–	–	46	Vorschub zur nächsten Seite
SPACING(k)	–	I	47	bewirkt zwischen 2 Ausgaben k-1 Leerzeilen

Über die hier angeführten Prozeduren zur Eingabe vom Kartenleser bzw. Ausgabe auf dem Drucker hinaus werden wir im
Abschnitt 10 noch weitere Anweisungen zum Verarbeiten von Daten
auf Magnetbändern und Platten kennenlernen.

8 Klassen als Verbund

Im Abschnitt 3 haben wir auf Seite 22 gesehen, daß man eine Folge von Variablen <u>desselben</u> Typs zu einem Vektor oder einer Matrix zusammenfassen kann. Man spricht dann von einem ARRAY oder einem Feld, wobei die einzelnen Variablen als Komponenten des Feldes angesprochen werden können.

Für eine Reihe von Aufgabenstellungen ist es zweckmäßig, mehrere Variable mit <u>unterschiedlichem</u> Typ zu einer neuen Einheit zu verbinden. Hierfür sind in der Sprache SIMULA die Klassen vorgesehen. Es ist klar, daß der Zugriff zu den einzelnen Elementen einer Klasse ein anderer sein muß als zu den einzelnen Komponenten eines Vektors bzw. einer Matrix.

Bei der Benutzung von Klassen kann man in der zeitlichen Aufeinanderfolge drei Phasen unterscheiden

1) Die Beschreibung ("Deklaration") der Klasse.
   Hier wird angegeben, welche Variablen mit welchem Typ zu der mit einem bestimmten Namen versehenen Klasse gehören sollen.

2) Die Verwirklichung ("Schaffung", "Inkarnation") der Klasse.
   Es wird nach dem Bauplan, wie er in der Deklaration festgelegt ist, ein reales Abbild der Klasse im Kernspeicher geschaffen. Gleichzeitig muß in einer Variablen ein Bezug zu dieser Inkarnation hergestellt werden.

3) Benutzung der Inkarnation der Klasse.
   Den einzelnen Elementen der Inkarnation müssen Werte zugewiesen werden, die dann wieder abrufbar sein müssen.

Das folgende Beispiel soll die Einzelheiten verdeutlichen.

<u>Beispiel 8.1</u>

Ein einfaches Verfahren zur Feststellung einer
möglichen Korrelation bietet der sog. Spearmansche
Rang-Korrelationskoeffizient. Man erhält ihn aus
dem auf Seite 39 angegebenen Korrelationskoeffizienten,
wenn man berücksichtigt, daß die Rangplätze äquidistant
sind und von 1 bis n (bei n Meßwertpaaren x_i,y_i) reichen: [*]

$$r = 1 - \frac{6\sum_{i=1}^{n} d_i^2}{n(n^2-1)}$$

Dabei ist d_i die Differenz der Rangplätze eines Meßwert-
paares (x_i,y_i).

In dem nachfolgenden Programm sollen die Meßwertpaare
(x_i,y_i) eingelesen, ihre Rangplätze bestimmt und der
Spearmansche Korrelationskoeffizient berechnet werden.

Wir geben zunächst das Programm an und erklären anschließend die einzelnen Anweisungen.

```
        BEGIN
            INTEGER K,J,N;

            CLASS WR;
            BEGIN
                REAL X,Y;
                INTEGER RX,RY;
            END;

            REAL S,R;
            REF(WR) ARRAY P(1:100);
            REF(WR) H;
```

[*] Dies setzt voraus, daß alle Werte x_i und alle Werte y_i
untereinander verschieden sind. (Die Vergabe gleicher
Rangplätze bei gleich großen Werten ist nicht ganz korrekt,
führt aber trotzdem zu brauchbaren Resultaten; wir wollen
hier davon ausgehen, daß alle Rangplätze untereinander
verschieden sind).

```
EIN:
   INIMAGE; IF ENDFILE THEN GOTO BER;
   N := N+1;
   IF N > 100 THEN
      BEGIN
         OUTTEXT('NUR 100 WERTEPAARE BERUECKS');
         OUTIMAGE;
         N := N-1;
         GOTO BER;
      END;
   H :- NEW WR;
   H.X := INREAL;
   H.Y := INREAL;
   P(N) :- H;
   GOTO EIN;
BER:
   FOR K := 1 STEP 1 UNTIL N DO
   BEGIN
      H :- P(K);
      FOR J := 1 STEP 1 UNTIL N DO
      BEGIN
         IF H.X > P(J).X THEN H.RX := H.RX+1;
         IF H.Y > P(J).Y THEN H.RY := H.RY+1;
      END;
   END;
   FOR K := 1 STEP 1 UNTIL N DO
      S := S+(P(K).RX-P(K).RY)**2;
   R := 1-6*S/(N*(N**2-1));
   OUTFIX(R,2,5); OUTIMAGE;
END#
```

Wir haben das Meßwertpaar (x_i, y_i) und die zugehörigen
Rangplätze rx_i und ry_i in einer Klasse zusammengefaßt.
Aus diesem Grunde haben wir eine Klasse WR deklariert
und die Variablen mit BEGIN und END zu einer neuen Einheit
verklammert:

```
      CLASS WR;
      BEGIN
         REAL X,Y;
         INTEGER RX,RY;
      END;
```

Der Name der Klasse wird nach dem Schlüsselwort CLASS
angegeben. Danach folgt eine Aufzählung aller Variablennamen, die in der Klasse zusammengefaßt werden sollen, und
deren Typfestlegung. Die Reihenfolge spielt dabei keine
Rolle, alle Variablen stehen sozusagen auf gleicher Stufe.
Mit der oben nochmals herausgezogenen Anweisungsfolge ist
die Klasse WR "deklariert".

Im späteren Programmablauf wird durch die Anweisung

```
      NEW WR
```

eine Inkarnation der Klasse WR veranlaßt. Dies bedeutet,
daß irgendwo im Kernspeicher ein Bereich reserviert wird
für zwei neue Variable vom Typ REAL (nämlich X und Y) und
zwei neue Variable vom Typ INTEGER (nämlich RX und RY).
Auf diesen Bereich verweist auf Grund der Referenzzuweisung

```
      H :- NEW WR;
```

die Variable H. Damit diese Referenzzuweisung überhaupt
erlaubt ist, muß die Variable H zuvor deklariert sein.
Sie erhält den Typ REF (von Referenz) zugewiesen, wobei
schon mit der Deklaration festgelegt werden muß, auf welche
Klasse sie verweisen soll, in unserem Beispiel auf die Klasse WR

```
      REF(WR) H;
```

Wie auch bei früheren Deklarationen geschieht bei der
Deklaration einer Variablen vom Typ REF dreierlei

1) Reservierung eines Speicherplatzes und Festlegung
   des Namens

2) Festlegung des Typs d.h. REF(...)
3) Vorbesetzung mit der Referenz NONE.

Dabei besagt die Referenz NONE, daß noch kein Bezug zu
einer Inkarnation der zugehörigen Klasse hergestellt wurde.

Nach der eben beschriebenen Deklaration darf der
Referenzvariablen H ein Bezug auf eine neue Inkarnation
der Klasse WR zugewiesen werden:

      H :- NEW WR;

Um einer Variablen in dem gerade geschaffenen Bereich
einen Wert zuweisen zu können, muß zunächst auf diesen
Bereich verwiesen werden (dies ist durch die Variable H
möglich), und dann muß die Variable innerhalb des Bereichs
angesprochen werden. Der Zugriff zu einer Variablen des
Bereichs geht also mittelbar über die Referenzvariable vor
sich. Dies kommt dadurch zum Ausdruck, daß nach dem Namen
der Referenzvariablen durch einen Dezimalpunkt getrennt
der Variablenname angegeben wird, wie er innerhalb der
Klasse bekannt ist. Durch die Anweisung

      H.X := INREAL;

wird also der Variablen X in der Inkarnation der Klasse WR,
auf die die Variable H verweist, der entsprechende Wert
aus dem Eingabepuffer übertragen. Der zweite Wert im Eingabepuffer wird der Variablen Y der Inkarnation der Klasse WR
durch die sich anschließende Wertzuweisung übergeben.

Durch die Anweisung

      P(N) :- H;

wird - da N bei dem ersten Durchlauf den Wert 1 besitzt -
der ersten Komponente des Vektors P der Bezug auf die
Inkarnation der Klasse WR zugewiesen, auf die die Variable H
gerade zeigt. Damit dies zulässig ist, muß vorher der Vektor P
als Referenz-Vektor deklariert sein. Dies ist durch die
Deklaration

      REF(WR) ARRAY P(1:100);

geschehen. Unmittelbar nach der Referenzzuweisung an P(N)
sprechen

      P(N).X und H.X

dieselbe Variable X in der Inkarnation der Klasse WR an.

Erst nach dem Rücksprung zum Einlesen wird durch die
erneut zu bearbeitende Anweisung

        H :- NEW WR;

eine neue, d.h. zweite Inkarnation der Klasse WR veranlaßt,
und auf diese neue Inkarnation verweist nun die Referenzvariable H. (Der alte Bezug auf die erste Inkarnation von
WR ist damit aufgehoben). In dieser neuen Inkarnation gibt
es wieder die Variablen X,Y sowie RX und RY. Ihnen werden
durch die Anweisungen

        H.X := INREAL;
und   H.Y := INREAL;

die Werte der zweiten Datenkarte übermittelt usw.

Beim Durchlaufen der Einleseschleife sind im Kernspeicher
verstreut n Inkarnationen der Klasse WR geschaffen worden,
auf die jeweils eine Komponente des Vektors P verweist.
In jeder Inkarnation der Klasse WR gibt es die Variablen X,Y,
RX und RY. In den Variablen X und Y sind die Werte
$(x_1,y_1)...(x_n,y_n)$ gespeichert, während die Variablen RX und RY
mit Null vorbesetzt sind.

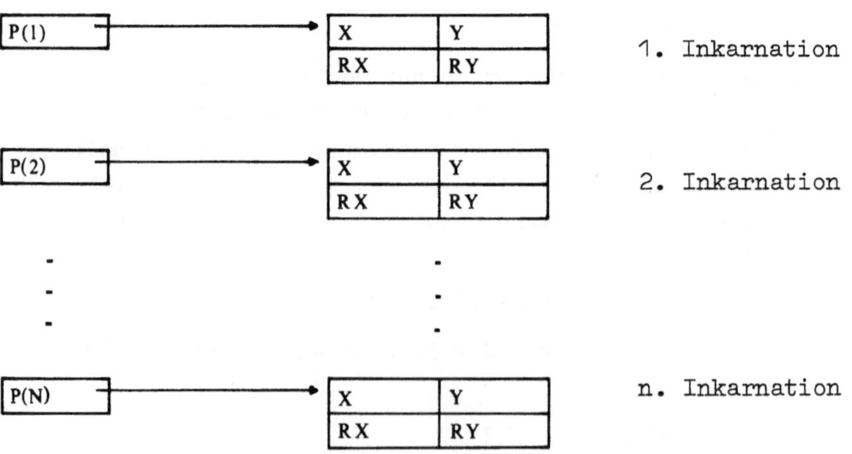

Nun gilt es, die Ränge für die einzelnen Werte x_i bzw. y_i festzustellen. Indem wir zählen, wie oft ein Wert x_k größer ist als die übrigen Werte x_i, erhalten wir seinen um 1 erniedrigten Rangplatz.[*] Da wir entsprechend für die Werte y_i verfahren, wird der Rangkorrelationskoeffizient korrekt berechnet, da es hierbei nur auf die Rangplatzdifferenz ankommt.

Wenn wir die Rangplätze korrekt erhalten wollen, müssen wir dafür sorgen, daß die Speicherplätze RX und RY einer jeden Inkarnation der Klasse WR mit den Werten 1 an Stelle von Null vorbesetzt werden. Dies ist möglich, wenn man die Deklaration der Klasse etwas anders angibt.

```
CLASS WR(RX,RY);
   INTEGER RX,RY;
BEGIN
   REAL X,Y;
END;
```

Die Variablen RX und RY nennt man in Anlehnung an die Prozedurdeklaration auch "formale Parameter" der Klassendeklaration. Für sie werden genauso Speicherplätze reserviert, als ob sie in dem BEGIN-END-Teil angegeben worden wären, und nach einer Inkarnation der Klasse kann auf ihre Speicherplätze genauso zugegriffen werden, wie wir es in dem Beispiel 8.1 angegeben haben. Der einzige Unterschied besteht darin, daß den Variablen, die als formale Parameter aufgeführt worden sind, bei der Inkarnation der Klasse aktuelle Werte zur Initialisierung der Variablen übergeben werden können.
In unserem Beispiel würden wir also eingeben:

```
H :- NEW WR(1,1);
```

Auf diese Weise wären die Variablen H.RX und H.RY mit dem Wert 1 vorbesetzt und die Bestimmung der Rangplätze im weiteren Programmablauf würde zu den Plätzen 1 bis n führen.

---

[*] Wir hatten die Rangplätze von 1 bis n vorgesehen, jetzt werden sie von 0 bis n-1 vergeben.

Da die Werte x_i und y_i im Augenblick der Inkarnation
der Klasse zur Verfügung stehen, kann man noch einen
Schritt weitergehen und auch die Variablen X und Y im
Augenblick der Inkarnation der Klasse mit den Werten
x_1 und y_1 initialisieren. Dies setzt eine andere Deklaration
der Klasse WR voraus:

```
CLASS WR(X,RX,Y,RY);
  REAL X,Y;
  INTEGER RX,RY;
  BEGIN END;        *)
```

Die Initialisierung der Variablen X,Y,RX und RY geschieht
dann bei der nachfolgenden Inkarnation der Klasse WR:

```
H :- NEW WR(INREAL,1,INREAL,1);
```

Die beiden anschließenden Anweisungen

```
H.X := INREAL;
H.Y := INREAL;
```

müssen jetzt natürlich entfallen, da sonst die richtigen
Werte für X und Y durch neue Werte überschrieben werden.

Aufgabe 8.1

Bitte ändern Sie das Beispiel 8.1 in der Weise ab,
daß alle zur Klasse WR gehörenden Variablen als formale Parameter aufgeführt werden. Das Programm soll
die eingegebenen Werte mit ihren Rangplätzen auflisten
und den Spearmanschen Rangkorrelationskoeffizienten
berechnen und ausgeben.

Bei unseren Lösungen zur Aufgabe 8.1 und zu dem Beispiel 8.1
ist die Festlegung der Feldgrenzen für den Referenz-Vektor P
überflüssig. Wenn man die Klasse WR nämlich um eine Referenzvariable erweitert, kann man in jeder Inkarnation der Klasse
den Bezug auf die nachfolgende Inkarnation herstellen. Das
Hinzufügen eines weiteren Paares (x_{n+1}, y_{n+1}) bewirkt dann
lediglich eine weitere Inkarnation der Klasse.

*) Die Angabe BEGIN END; ist erforderlich, um das Ende der
   Klasse zu markieren.

Indem man sich im späteren Programmablauf von einer Inkarnation zur nächsten "durchhangelt", kommt man zu demselben Ergebnis. Allerdings sind einige neue Anweisungen
dabei zu berücksichtigen.

<u>Beispiel 8.2</u>

Es soll dieselbe Aufgabe wie im Beispiel 8.1 gelöst
werden, ohne jedoch einen Vektor für Bezüge auf die
Klasseninkarnationen zu benutzen.

Wir wollen wieder zunächst die Programmlösung geschlossen
angeben und anschließend die neuen Anweisungen erläutern:

```
BEGIN

    CLASS WR(X,RX,Y,RY);
    REAL X,Y;
    INTEGER RX,RY;
    BEGIN
        REF(WR) F;
    END;

    REAL X1,Y1,R;
    INTEGER N;
    REF(WR) START,H,NEU,G;
    INIMAGE;
    X1 := INREAL; Y1 := INREAL;
    START :- NEW WR(X1,1,Y1,1);
    H :- START;
EIN:
    INIMAGE; IF ENDFILE THEN GOTO BER;
    X1 := INREAL; Y1 := INREAL;
    NEU :- NEW WR(X1,1,Y1,1);
    H.F :- NEU;
    H :- NEU;
    GOTO EIN;
```

```
BER:
    N := 0;
    H :- START;
    WHILE H =/= NONE DO
    BEGIN
        N := N+1;
        G :- START;
        WHILE G =/= NONE DO
        BEGIN
            IF H.X > G.X THEN H.RX := H.RX+1;
            IF H.Y > G.Y THEN H.RY := H.RY+1;
            G :- G.F;
        END;
        R := R+(H.RX-H.RY)**2;
        OUTFIX(H.X,2,7); OUTINT(H.RX,4);
        OUTFIX(H.Y,2,7); OUTINT(H.RY,4);
        OUTIMAGE;
        H :- H.F;
    END;
    R := 1-6*R/(N*(N**2-1));
    OUTFIX(R,2,5); OUTIMAGE;
END#
```

Während der Einleseschleife entsteht die folgende Kette
von Inkarnationen der Klasse WR, die durch die Bezüge der
Referenzvariablen F miteinander verbunden sind.
Wir wollen die Kette in der Situation betrachten, die unmittelbar nach der Anweisung

    H.F :- NEU;

gegeben ist. Für die Referenzvariablen START, H und NEU
sowie die Variablen F der einzelnen Inkarnationen gelten
folgende Bezüge:

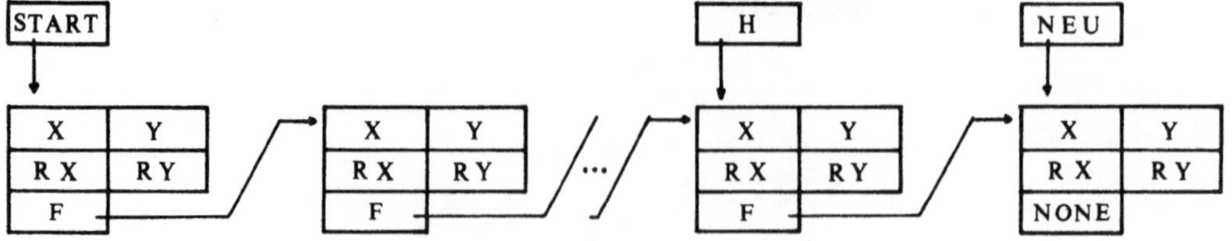

Durch die sich im Programm anschließende Referenzzuweisung

      H :- NEU;

wird für die Referenzvariable H der Bezug auf die vorletzte
Inkarnation durch den Bezug auf die letzte Inkarnation überschrieben.

Wichtig ist, daß die Referenzvariable F der letzten
Inkarnation mit NONE initialisiert ist, d.h. sie besitzt
keinen Bezug auf eine Inkarnation der Klasse. Dieser
"leere Bezug", wie man die Referenz-Konstante NONE auch beschreiben kann, dient im weiteren Programmablauf als Abbruch-
kriterium für die Schleifensteuerung. Um dies genauer erklären
zu können, müssen wir zunächst darstellen, wie man den Bezug
von Referenzvariablen miteinander vergleichen kann.

Der Bezug von Referenzvariablen wird - ähnlich wie bei
Textvariablen der Vergleich von Verweisen (siehe Seite 72) -
mit Hilfe der Operatoren == und =/= auf Gleichheit bzw.
Ungleichheit getestet. Verweisen zwei Referenzvariable r_1 und r_2
auf <u>dieselbe</u> Inkarnation einer Klasse, so liefert der Vergleich

      r_1 == r_2

den Wert TRUE und sonst den Wert FALSE.

Die Abfrage, ob eine Referenzvariable den leeren Bezug
besitzt, liefert den Wert FALSE, wenn die Referenzvariable
auf irgendeine Instanz einer Klasse verweist. Aus diesem
Grunde wird die WHILE-Schleife

```
G :- START;
WHILE G =/= NONE DO
BEGIN
   ...
   G :- G.F;
END;
```

solange durchlaufen, wie G nicht den Bezug der Referenzvariablen F der letzten Inkarnation der Klasse zugewiesen
bekommen hat (der dann der leere Bezug NONE ist).

Da die Referenzvariable F einer jeden Inkarnation mit Aus-
nahme der letzten auf die nachfolgende Inkarnation verweist,
wird durch die obige Schleife die gesamte Folge von Inkarnationen
angesprochen.

Nun ist es etwas umständlich, wenn bei jedem Zugriff auf
eine Variable einer Klasseninkarnation die zu ihr führende
Referenzvariable mit angegeben werden muß, wie z.B. H.X oder
H.RY usw. Hier kann man für einen Programmausschnitt festlegen,
daß alle Namen, wie sie in der Klassendeklaration vereinbart
wurden, sich auf eine bestimmte Inkarnation beziehen sollen.
Hierzu dient die INSPECT-Anweisung. Sie hat die Form

```
INSPECT rv DO
BEGIN
     Anweisungen, bei denen auf die
     Angabe der Referenzvariablen rv
     verzichtet werden kann, sofern
     es sich um Variable der zuge-
     hörigen Inkarnation handelt.
END;
```

In unserem Beispiel hätten wir demnach programmieren
können

```
WHILE H =/= NONE DO
BEGIN
    G :- START;
    INSPECT H DO
    BEGIN
        WHILE G =/= NONE DO
        BEGIN
            IF X > G.X THEN RX := RX+1;
            IF Y > G.Y THEN RY := RY+1;
            G :- G.F;
        END;
        R := R + (RX-RY)**2;
        OUTFIX(X,2,7); OUTINT(RX,4);
        OUTFIX(Y,2,7); OUTINT(RY,4);
        OUTIMAGE;
    END;
    H :- H.F;
END;
```

Innerhalb des Blockes, der durch BEGIN und END nach
der Zeile

     INSPECT H DO

gebildet wird, führen die Variablen X,Y,RX,RY und F zu den
Variablen der Inkarnation der Klasse, auf die H verweist;
sie sind also mit H.X, H.Y usw. identisch. Soll eine Variable
einer anderen Inkarnation angesprochen werden, muß für diese
Variable auch die zu ihr führende Referenzvariable mit angegeben werden, z.B. G.X, wie wir es in dem obigen Ausschnitt
bereits getan haben.

<u>Aufgabe 8.2</u>

    Für ein Stichwortverzeichnis werden in Lochkarten
    in den Spalten

        1 bis 30 das Stichwort und in
      31 bis 35 die Seitenzahl abgelocht.

Es soll ein Programm angegeben werden, das die Stichwörter in sortierter Reihenfolge ausdruckt.
Tritt ein Stichwort mehrfach auf, so soll dieses nur
einmal gespeichert werden; die zugehörigen Seitenzahlen
sind in aufsteigender Reihenfolge nebeneinander auszudrucken.

9 Klassen als Programmsystem;
   Klassen mit Anweisungen

   Der vorausgegangene Abschnitt war den Klassen als
Verbund gewidmet. Es wurde dargestellt, wie Variable
verschiedenen Typs zu einer neuen Einheit verbunden
werden können und wie man im späteren Programmablauf
auf die einzelnen Größen des Verbundes zugreifen kann.
Nun zeigt sich, daß die dort beschriebenen Klassen eine
spezielle Form darstellen. In diesem Abschnitt wollen
wir uns der allgemeinen Form der Klassen zuwenden.

   Die Deklaration einer Klasse hat den folgenden
prinzipiellen Aufbau

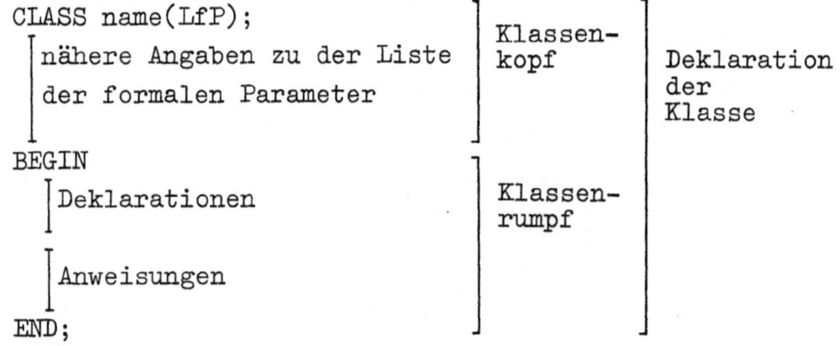

Der Klassenaufruf geschieht dann im weiteren Programmablauf in Form einer Referenzzuweisung an eine Referenzvariable rv

        rv :- NEW name(LaP);

Dabei ist jetzt die Liste der formalen Parameter (LfP)
durch die Liste der aktuellen Parameter (LaP) ersetzt.
Durch den Klassenaufruf wird eine Klasseninkarnation bewirkt, auf die die Referenzvariable rv verweist. Auf alle
Variable, die im Klassenrumpf deklariert wurden, und
ferner auf alle Variable, die in der Liste der formalen
Parameter enthalten sind, kann für diese Inkarnation mit
Hilfe der Referenzvariablen rv zugegriffen werden. Wegen
dieses "mittelbaren" Zugriffs auf die "entfernten" Variablen
nennt man die Variablen der Klasse auch "Remote"-Variable.

Nun brauchen sich die oben im Klassenrumpf angedeuteten Deklarationen nicht auf die Deklaration von
Variablen zu beschränken. Hier darf man auch Unterprogramme - Funktionsprozeduren und eigentliche Prozeduren -
deklarieren. Auf diese Unterprogramme kann erst nach einer
Inkarnation der Klasse mit demselben Mechanismus zugegriffen
werden wie auf eine Remote-Variable. Da man die Anweisungen,
die das Unterprogramm umfaßt, durch die Parameter der <u>Klasse</u>
steuern kann, ist es möglich, Gruppen von Unterprogrammen
in einer Klasse zusammenzufassen: Je nach Wahl der aktuellen
Klassenparameter bei der Inkarnation der Klasse gelangt man
dann zu unterschiedlichen Unterprogrammen. Hierzu wollen wir
als Beispiel einige sog. orthogonale Polynome betrachten.[*)]

Für die in der nachfolgenden Tabelle zusammengefaßten
Polynome gelten Rekursionsformeln, die sich folgendermaßen
zusammenfassen lassen:

$$a_{1n}f_n(x) = (a_{2n}+a_{3n}x)f_{n-1}(x)-a_{4n}f_{n-2}(x)$$

Die einzelnen Polynome unterscheiden sich voneinander
durch die (noch von n abhängenden) Konstanten $a_{1n} \dots a_{4n}$
und durch die Anfangspolynome o. und 1. Grades.
Diese Werte kann man aus der Tabelle entnehmen:

Name des Polynoms	f_n	f_o	f_1	a_{1n}	a_{2n}	a_{3n}	a_{4n}
Tschebyscheff 1.Art	$T_n(x)$	1	x	1	o	2	1
Tschebyscheff 2.Art	$U_n(x)$	1	2x	1	o	2	1
Legendre	$P_n(x)$	1	x	n	o	2n-1	n-1
Laguerre	$L_n(x)$	1	-x+1	n	2n-1	-1	n-1
Hermite	$H_n(x)$	1	2x	1	o	2	2n-2

*) Wegen weiterer Einzelheiten siehe M.Abramowitz u.I.A.Stegun:
   Handbook of Mathematical Functions, Dover Publications,
   New York 1965

So gilt z.B. für die Legendre-Polynome $P_n(x)$ die
Rekursionsformel

$$nP_n(x) = (2n-1)xP_{n-1}(x) - (n-1)P_{n-2}(x)$$

mit den Anfangspolynomen

$$P_0(x) = 1 \text{ und } P_1(x) = x$$

Beispiel 9.1

Die in der Tabelle angegebenen Polynome wollen wir nun
gemeinsam in einer Klasse ORTHOPOL beschreiben. Je nach
Inkarnation wollen wir dann die Polynomberechnung in
Abhängigkeit von n und x vornehmen.

```
BEGIN
    CLASS ORTHOPOL(A,B);
    REAL ARRAY A,B;
    BEGIN
        REAL ARRAY AK(1:4);
        REAL PROCEDURE POL(N,X);
        INTEGER N, REAL X;
        BEGIN
            INTEGER J,K; REAL YO,Y1,YK;
            POL := YO := B(0);
            IF N = 0 THEN EXIT POL;
            POL := Y1 := B(2)*X+B(1);
            IF N = 1 THEN EXIT POL;
            FOR K := 2 STEP 1 UNTIL N DO
            BEGIN
                FOR J := 1 STEP 1 UNTIL 4 DO
                    AK(J) := A(1,J)+A(2,J)*K;
                YK := ((AK(2)+AK(3)*X)*Y1-AK(4)*YO)/AK(1);
                YO := Y1;
                Y1 := YK;
            END;
            POL := YK;
        END;
    END;
```

```
INTEGER N; REAL X,Y;
REF(ORTHOPOL) P;
REAL ARRAY A(1:2,1:4),B(0:2);
B(0) := 1;
B(2) := 1; B(1) := 0;
A(1,1) := 0; A(2,1) := 1;
A(1,2) := 0; A(2,2) := 0;
A(1,3) := -1; A(2,3) := 2;
A(1,4) := -1; A(2,4) := 1;
P :- NEW ORTHOPOL(A,B);
PAGE;
OUTTEXT('LEGENDRE-POLYNOME 1. BIS 10. GRADES');
OUTIMAGE;
FOR X := -1 STEP 0.05 UNTIL 1.02 DO
BEGIN
   OUTFIX(X,2,6);
   FOR N := 1 STEP 1 UNTIL 10 DO
   BEGIN
      Y := P.POL(N,X);
      OUTFIX(Y,6,12);
   END;
   OUTIMAGE;
END;
END#
```

In dem Vektor B werden die Koeffizienten der Anfangspolynome 0. und 1. Grades angegeben. Mit Hilfe der Matrix A
werden die Koeffizienten a_{1n} bis a_{4n} beschrieben. Hierbei
ist zu beachten, daß diese Koeffizienten noch von dem
Polynomgrad n abhängig sind, der zur Zeit der Inkarnation
der Klasse noch nicht bekannt zu sein braucht. Deshalb werden
beim Aufruf der Prozedur POL die Rekursionskoeffizienten
a_{1n} bis a_{4n} aus den Elementen der Matrix A berechnet.

Als ein Beispiel haben wir für die Rekursionsformel die
Koeffizienten für die Legendre-Polynome angegeben.
Nach der Anweisung

```
P :- NEW ORTHOPOL(A,B);
```

können über die Referenzvariable P alle Legendre-Polynome
berechnet werden. Dies wird in den nachfolgenden beiden
Schleifen im Intervall (-1,1) für die Legendre-Polynome
1. bis 1o. Grades getan.

Indem man den Vektor B und die Matrix A mit anderen
Werten der Tabelle auf Seite 117 besetzt und dann eine
entsprechende Klasseninkarnation vornimmt, ist es möglich,
die übrigen angegebenen orthogonalen Polynome zu berechnen.

Aufgabe 9.1

>   Bitte berechnen Sie mit Hilfe der im Beispiel 9.1
>   angegebenen Klasse die Laguerre-Polynome 1. bis 5.
>   Grades im Intervall von 0 bis 8 mit einer Schritt-
>   weite von 0,2.

Wenn man beabsichtigt, die Klasse ORTHOPOL in verschiedenen Programmen zur Bereitstellung der aufgezählten orthogonalen Polynome zu benutzen, dann erweist sich die Bereitstellung der Matrix A und des Vektors B zur Beschreibung
der Rekursionsformel außerhalb der Klasse ORTHOPOL als sehr
hinderlich. Hier sollte es möglich sein, die einzelnen
Polynom-Arten durch ein Steuerungszeichen bei der Inkarnation
der Klasse auszuwählen. Dies ist mit Hilfe einer Klasse mit
Anweisungen möglich, wie das folgende Beispiel 9.2 zeigt.
Wir wollen die Programmlösung hier nur andeuten, da das voll-
ständige Programm im Lösungsteil angegeben ist.

Beispiel 9.2

```
    BEGIN
        CLASS ORTHOPOL(Z);
        CHARAKTER Z;
        BEGIN
            REAL ARRAY A(1:2,1:4),B(0:2),AK(1:4);
            REAL PROCEDURE POL(N,X);
            INTEGER N; REAL X;
            BEGIN

                Prozedurrumpf wie im
                Beispiel 9.1

            END;
```

```
        Im Rumpf der Klasse ORTHOPOL werden in Abhängigkeit
        von den Zeichen T,U,P,L und H für die einzelnen
        orthogonalen Polynome der Vektor B und die Matrix A
        mit den zugehörigen Werten besetzt.

    END;

    REAL X,Y; INTEGER N;
    REF(ORTHOPOL) F;
    F :- NEW ORTHOPOL("H");
    PAGE; OUTTEXT('HERMITE-POLYNOME 1. BIS 5. GRADES');
    OUTIMAGE;
    FOR X := -1 STEP 0.05 UNTIL 1.02 DO
    BEGIN
        OUTFIX(X,2,6);
        FOR N := 1 STEP 1 UNTIL 5 DO
        BEGIN
            Y := F.POL(N,X);
            OUTFIX(Y,6,12);
        END;
        OUTIMAGE;
    END;
END#
```

Als Beispiel werden die Hermite-Polynome im Intervall (-1,1)
berechnet. Die entsprechende Inkarnation der Klasse wird durch
den Aufruf

```
        F :- NEW ORTHOPOL("H");
```

veranlaßt.

Indem man die hier in den Beispielen angedeuteten Anwendungen
von Klassen erweitert, kann man sich Systeme von Unterprogrammen
zu einem bestimmten Aufgabengebiet schaffen. So ist es denkbar,
verschiedene Verfahren zur Integration, zur Interpolation oder
zur Approximation in einer Klasse zusammenzufassen. Ferner kann
man die verschiedenen statistischen Methoden zur Analyse von Meß-
daten zu einer Klasse zusammenstellen. Wir wollen hierauf nicht
näher eingehen, weil diese Klassen einerseits sehr speziell auf
die einzelne Anwendung bezogen sind, andererseits in den nächsten
Abschnitten Systeme von Unterprogrammen beschrieben werden, die
zur Sprache SIMULA gehören.

10 Zugriff auf Dateien

Unter einer Datei versteht man eine Menge von Daten,
die für eine bestimmte Aufgabe in einem äußeren Speicher
einer Rechenanlage zusammengestellt sind.

Je nachdem, wie man auf die einzelnen Datensätze der
Datei zugreifen kann, unterscheidet man verschiedene
Organisationsformen von Dateien. So gibt es einerseits
sequentielle Dateien, bei denen ein Datensatz nach dem
anderen gelesen und verarbeitet oder erstellt wird, und
andererseits Dateien, bei denen direkt auf jeden einzelnen
Satz zugegriffen werden kann. Bei diesen Dateien mit
direktem Zugriff kann gleichzeitig gelesen und geschrieben
werden.

Als eine sequentielle Datei kann man z.B.

- die Datenkarten, die von einem Programm verarbeitet
  werden, oder
- die Ausgabe von Daten auf einem Magnetband oder
- die Ausgabe auf dem Drucker

ansehen.

Eine Datei mit direktem Zugriff kann nur auf einer
Magnetplatte (oder einer Magnettrommel) realisiert
werden: Jeder einzelne Datensatz muß unabhängig von den
anderen Datensätzen "erreichbar", d.h. adressierbar sein.

Da wir im Abschnitt 4 ausführlich auf die Benutzung
der sog. Standard-Dateien (d.h. Karteneingabe und Drucker-
ausgabe) eingegangen sind, wollen wir uns jetzt auf die
Benutzung magnetischer Datenträger konzentrieren. Hierzu
sollen die Speicherungsmöglichkeiten auf einem Magnetband ausführlicher dargestellt werden.

Ein Magnetband ist eine 1 Zoll (= 2,54 cm) breite
Kunststoff-Folie, die mit einer magnetisierbaren Ober-
fläche beschichtet ist. Je nach Konfektionierung beträgt
die Länge ca. 360 m oder ca. 720 m. Moderne Magnetband-
geräte haben die Möglichkeit, das Magnetband mit 9 "Spuren"
nebeneinander zu beschreiben:

Davon entsprechen 8 Spuren den 8 Bits eines Bytes. Die neunte Spur dient zur Aufzeichnung eines Kontrollbits, das so gesetzt wird, daß die Anzahl der gesetzten Bits ungerade ist. Man kann mit Hilfe des Kontrollbits eine schadhafte Bandstelle oder einen Übertragungsfehler entdecken.[*)]

Beispiel:

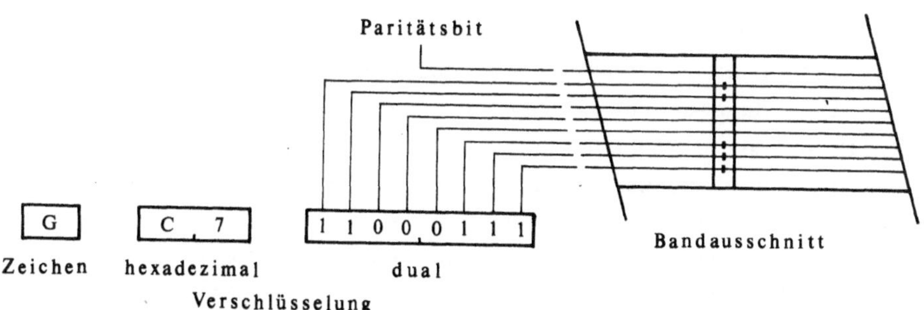

Die Schreibdichte beträgt 800 oder 1600 BPI ("bit per inch"). Da ein Zeichen oder Byte "parallel" auf dem Magnetband geschrieben wird, können also 800 bzw. 1600 Zeichen pro Zoll gespeichert werden.

Hieraus könnte man folgern, daß man auf einem großen Magnetband bei der größeren Schreibdichte

$$720 \left[\text{m}\right] \cdot 100 \left[\frac{\text{cm}}{\text{m}}\right] \cdot \frac{1}{2,54} \left[\frac{\text{Zoll}}{\text{cm}}\right] \cdot 1600 \left[\frac{\text{Zch}}{\text{Zoll}}\right]$$

d.h. etwa 45 Mill. Zeichen speichern kann. Dieser Schluß ist aus folgendem Grunde falsch: Die Magnetbandstation kann nur dann Daten auf das Magnetband übertragen, wenn das Magnetband mit der vorgesehenen Geschwindigkeit an der Schreib/Lesestation vorbeitransportiert wird. Außerdem können nur soviele Zeichen übertragen werden, wie in dem zugehörigen Blockpuffer bereitgestellt wurden. Nach der Datenübertragung ist der Transport des Magnetbandes zu unterbrechen. Vor einer neuen Datenübertragung muß der Bandtransport wieder auf die erforderliche Geschwindigkeit gebracht werden.

---

*) Es werden noch an anderen Stellen auf dem Magnetband Kontrollbits gesetzt; hier soll darauf nicht näher eingegangen werden.

Für dieses Starten und Stoppen des Bandes sind entsprechende
Strecken vorzusehen, die zweimal ca. 0,7 cm betragen. Die
Beschleunigungswege gehen als "Blocklücken" oder "inter
record gaps" für die Speicherung von Daten verloren. Je nach
der Anzahl von Zeichen, die zu einem Block zusammengefaßt
und als eine Einheit auf das Magnetband übertragen werden,
können deshalb auf einem Band nur bis zu maximal 3o Mill.
Zeichen gespeichert werden.

Es ist möglich, daß eine Datei mehr Daten umfaßt,
als auf einem Magnetband gespeichert werden können. Andererseits ist es aber auch möglich, daß eine Datei nur einen Bruch-
teil eines Magnetbandes füllt, so daß sie gemeinsam mit anderen
Dateien auf einem Band gespeichert werden kann. Als Benutzer
einer Rechenanlage will man die Speicherung der Dateien auf
einem Magnetband nicht im einzelnen verwalten müssen. Vielmehr erwartet man, daß dies weitgehend automatisch abläuft.
So soll z.B. das Magnetband zum Lesen einer bereits bestehenden
Datei auf den ersten Datenblock positioniert werden, und zwar
unabhängig davon, ob es sich um die erste Datei auf dem Magnetband handelt oder nicht.

Dies setzt einerseits ein Datei-Verwaltungs-System als Teil
des Betriebssystems voraus und andererseits Informationen, die
zusätzlich zu den eigentlichen Daten auf dem Magnetband gespeichert sein müssen. Da wir es für wichtig halten, daß man
sich als Benutzer ein Bild davon machen kann, wie die zusätzlichen Informationen im Zusammenspiel mit den eigentlichen Daten
abgespeichert werden, wollen wir hier den prinzipiellen Aufbau
eines Magnetbandes beschreiben.

Bei jedem Magnetband ist hinter dem Vorspann zum Einfädeln
des Bandes eine Reflektormarke aufgeklebt, die (optisch) den
Beginn der gespeicherten Information anzeigt. Am Ende des Bandes
ist eine zweite Reflektormarke angebracht, die ein Durchziehen
des Bandes verhindern soll.

Nach der ersten Reflektormarke steht in einem ersten Block
das Datenträger-Etikett ("volume header label"). Das Volume-
Label, wie man es auch kurz nennt, enthält als wichtigste Information die Bandnummer und eine Besitzerangabe. Da mit der

Veränderung des Datenträger-Etiketts alle Dateien des Bandes
verlorengehen, ist klar, daß das Volume-Label nur von zuständigen
Mitarbeitern eines Rechenzentrums erstellt werden darf.

Nach dem Datenträger-Etikett wird in einem zweiten Block
das Datei-Etikett ("file-header-label" oder "header 1")
angegeben. Dieser Block enthält neben anderen Informationen

- den Dateinamen (bis zu 17 Zeichen)
- das Erstellungsdatum der Datei
- das Freigabedatum der Datei.

Das Datei-Etikett wird automatisch beim Erstellen der Datei
angelegt. Dabei wird auf Angaben zurückgegriffen, die der
Benutzer in der zugehörigen Job-Control-Karte (s.u.) mitteilt.

Das dritte Etikett ("header 2") enthält Informationen über
den Aufbau der Daten innerhalb der Datenblöcke. Hierzu zählen
u.a.

- die Blocklänge
- die Satzlänge

d.h. die Anzahl der Zeichen pro Block bzw. pro Datensatz.
Von einigen Betriebssystemen wird der Header 2 nicht erstellt bzw. ausgewertet. Dann muß man die Informationen auch
beim späteren Lesen der Datei auf der zugehörigen Job-Control-
karte angeben, während man im anderen Fall diese Größen als
bekannt voraussetzen kann.

Der Bereich, in dem die verschiedenen Etikette angegeben
sind, wird von dem eigentlichen Datenbereich durch eine sogenannte Abschnittsmarke ("tape mark ") getrennt. Nach den
Datenblöcken werden hinter einer weiteren Abschnittsmarke die sogenannten Trailer-Label angegeben. Als erstes
wird die EOF1-Marke ("end-of-file trailer label") angegeben,
die außer der Anzahl der eigentlichen Datenblöcke dieselben
Angaben wie das Datei-Etikett Header 1 enthält. Die nachfolgende EOF2-Marke enthält dieselben Informationen wie das
Etikett Header 2. Falls die Datei die einzige auf dem Magnetband ist, sind anschließend zwei Abschnittsmarken gesetzt.

Sie geben an, daß sich keine weiteren Daten auf dem Band
befinden. Folgt dagegen mindestens eine weitere Datei,
befindet sich an dieser Stelle nur eine Abschnittsmarke,
und es werden dann die Etiketten Header 1 und Header 2
der nächsten Datei angegeben.

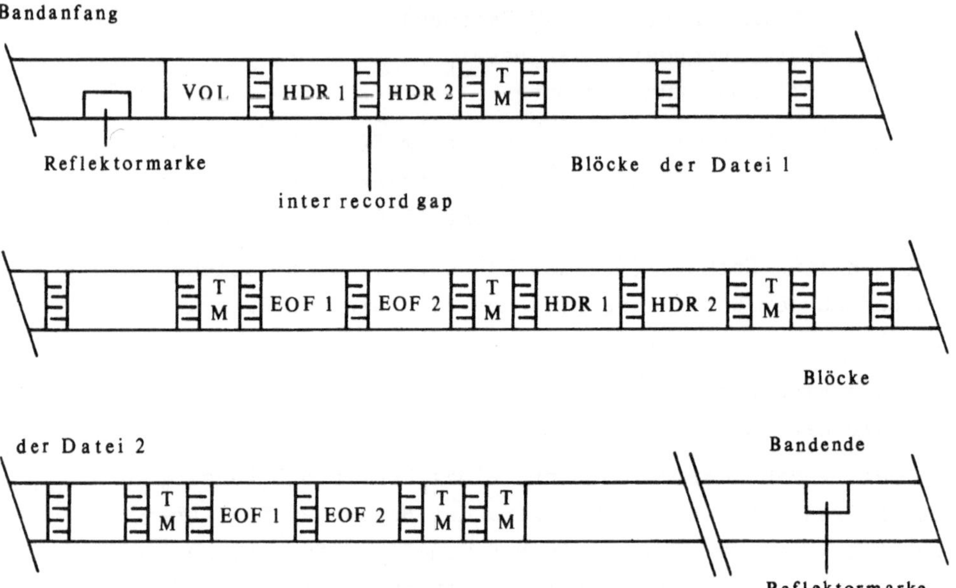

Da die einzelnen Dateien hintereinander gespeichert sind,
darf eine Datei nur dann verändert werden, wenn sie die
letzte in dieser Folge ist. Verändert man trotzdem eine
vorausgehende, gehen die nachfolgenden Dateien verloren.

Wird eine sequentielle Datei (etwa von einem Magnetband)
auf eine Magnetplatte übertragen, so wird von dem Betriebssystem der Rechenanlage derselbe Aufbau der Datei einschließlich der beiden Datei-Etiketten und der beiden Trailer-Label
realisiert. Da sich die Platte ununterbrochen dreht und nicht
vor jeder Datenübertragung auf die vorgeschriebene Geschwindigkeit gebracht werden muß, entfallen für die Platte die bei dem
Magnetband erforderlichen Blocklücken. Darüberhinaus darf man
eine bereits erstellte Datei verlängern, löschen oder

insgesamt überschreiben, ohne daß - wie beim Magnetband -
andere Dateien in Mitleidenschaft gezogen werden. Wenn man
diese Besonderheiten im Auge behält, kann man Dateien auf dem
Magnetband und auf der Magnetplatte gleich behandeln:
Sie stellen in dem Verarbeitungsprogramm sequentielle Dateien
dar, die entweder gelesen und erstellt oder verlängert werden
dürfen. Ein wechselweises Lesen und Schreiben einzelner
Datensätze ist nicht erlaubt, dies ist nur bei Direktzugriff-
dateien möglich, die ihrerseits nur auf einer Magnetplatte
(oder Trommel) realisiert werden können.

Jeder Datei wird in der Sprache SIMULA die Inkarnation
einer Klasse zugeordnet, in der der Zugriff auf die Daten der
Datei beschrieben wird. Eine Reihe von Prozeduren, die zu der
Klasse gehören, ermöglichen das Übertragen der einzelnen
Datensätze und erleichtern den Zugriff auf die einzelnen Daten
innerhalb des Datensatzes.

Da eine Reihe von Prozeduren bei allen Dateiformen vorkommen, hat man diese in einer übergeordneten Klasse zusammengefaßt, währen die speziellen Prozeduren in der jeweiligen
Unterklasse angegeben werden.[*] Man hat folgende Klassenhierarchie festgelegt:

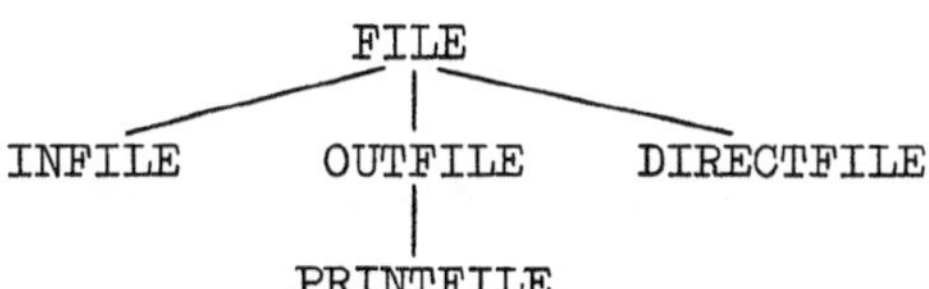

Wir wollen die Einzelheiten der Klassen an Hand von Beispielen
kennenlernen.

Beispiel 10.1

Es soll ein Programm angegeben werden, das eingegebene
Datenkarten auflistet und gleichzeitig ausstanzt.

---

[*] Eine derartige Klassenhierarchie kann man auch im eigenen
SIMULA-Programm angeben. Wir sind darauf jedoch nicht
eingegangen.

```
      BEGIN
          TEXT INHALT;
          REF(OUTFILE) STANZ;
          INHALT :- SYSIN.IMAGE;
          STANZ :- NEW OUTFILE(3);
          STANZ.OPEN(BLANKS(80));
      LESEN:
          INIMAGE;
          IF ENDFILE THEN
              BEGIN
                  STANZ.CLOSE;
                  STOP;
              END;
          OUTTEXT(INHALT); OUTIMAGE;
          STANZ.OUTTEXT(INHALT); STANZ.OUTIMAGE;
          GOTO LESEN;
      END#

      Datenkarten, die aufgelistet und
      ausgestanzt werden sollen.
```

Für die von uns gewählte Referenzvariable STANZ stellen
wir in der Anweisung

```
      STANZ :- NEW OUTFILE(3);
```

einen Bezug auf eine neue Inkarnation der Klasse OUTFILE her.
Dabei legen wir durch den aktuellen Parameter 3 fest, um
welche logische Ausgabeeinheit es sich handeln soll. Die Zahl 3
korrespondiert dabei mit dem logischen Einheiten-Namen
CP (von "card punch"), der auf der Ebene der Job-Control-Karten
bekannt ist. [*] Diesem Namen wird durch eine "Zuordnungskarte"

```
      !ASSIGN CP,DEV,SCP
```

der Kartenstanzer zugeordnet. Indem man in der Zuordnungskarte
andere Angaben macht, kann man eine Datei auf der Magnetplatte
oder auf dem Magnetband erstellen.

---

[*] Die Zuordnung zwischen der Zahl 3 im SIMULA-Programm und dem
Namen CP ist durch den Compiler fest vorgegeben. Von anderen
SIMULA-Compilern wird ein Name als logische Einheit gefordert,
der dann auf der Ebene der Job-Control-Karten bekannt ist.

Es würde durch

     !ASSIGN CP,FIL,(STS,NEW),(NAM,MO7A-DATEN)

eine Datei auf der Magnetplatte *) angelegt, die den Namen
MO7A-DATEN erhält. Als Länge eines Datensatzes wird die
Länge 80 entsprechend einer Lochkarte angenommen.

    Durch die Anweisung

     STANZ.OPEN(BLANKS(80));

geschieht folgendes. Es wird ein Ausgabepufferbereich festgelegt. Auf diesen Pufferbereich kann im späteren Programmablauf durch STANZ.IMAGE verwiesen werden. IMAGE ist eine
Textvariable, die bei der Inkarnation der Klasse OUTFILE mit
NOTEXT initialisiert ist. Erst durch den Prozeduraufruf OPEN
wird ein Textbereich festgelegt. Wir haben durch BLANKS(80)
einen Textbereich in der Länge 80 geschaffen. Außerdem wird
die Datei eröffnet,und es wird die Verbindung zwischen dem
gerade angelegten Pufferbereich und dem externen Datenträger
hergestellt.

In der Klasse OUTFILE stehen alle Anweisungen zur Aufbereitung eines Datensatzes zur Verfügung, wie wir sie im
Abschnitt 4 zur Aufbereitung einer Druckzeile kennengelernt
haben. Hierzu gehören die Anweisungen

     OUTINT
     OUTFIX, OUTREAL
     OUTCHAR, OUTTEXT
und   OUTIMAGE

Man muß dabei jeweils angeben, auf welche Klasseninkarnation
sich die Ausgabe beziehen soll. Hierzu dient die Referenzvariable, die auf die entsprechende Klasseninkarnation verweist;
in unserem Beispiel 10.1 also

     STANZ.OUTTEXT(INHALT);
und   STANZ.OUTIMAGE;

Bei der Ausgabe auf dem Drucker kann man auf die Angabe der
Referenzvariablen SYSOUT verzichten, weil jedes SIMULA-Programm

---

*) Da keine Angaben über ein Magnetband oder eine private Platte
   gemacht werden, wird die Datei auf der sog. Systemplatte angelegt.

durch die Anweisungen

        INSPECT SYSOUT DO

         INSPECT SYSIN DO

           | Benutzerprogramm

direkt mit der Standardausgabe-Einheit (Drucker = SYSOUT)
und mit der Standardeingabe-Einheit (Kartenleser = SYSIN)
verbunden ist. Die Referenzvariablen SYSOUT bzw. SYSIN
haben wir im Abschnitt 4 einige Male explizit angeben müssen,
um den entsprechenden Pufferbereich eindeutig zu identifizieren.

Nachdem in dem Beispiel 10.1 alle Datenkarten eingelesen
und ausgestanzt sind, muß die Datei geschlossen werden.
Hierzu dient die Anweisung CLOSE, die in Verbindung mit der
Referenzvariablen anzugeben ist:

        STANZ.CLOSE;

Die gleiche Parallelität, die wir zwischen der Ausgabe
auf dem Drucker und einer sequentiellen Ausgabe-Datei fest-
gestellt haben, ist auch zwischen der Eingabe von dem Kartenleser und der Eingabe von einer sequentiellen Datei gegeben.

Als erstes ist eine Variable s mit dem Typ

        REF(INFILE) s;

zu deklarieren und dann ein Bezug auf eine neue Inkarnation
der Eingabeklasse INFILE herzustellen, wobei die logische
Nummer n der Eingabeeinheit festzulegen ist.*)

        s :- NEW INFILE(n);

Vor dem ersten Lesen von der Datei muß sie durch eine
Anweisung

        s.OPEN(BLANKS(m));

eröffnet werden, wobei gleichzeitig die Größe m des Eingabepuffers mitgeteilt wird. Nach dieser Anweisung können die
einzelnen Datensätze durch

        s.INIMAGE;

*) Vergl. Fußnote Seite 128.

übertragen und die einzelnen Daten durch

        s.INCHAR
        s.ININT
        s.INREAL
und   s.INTEXT

gelesen werden, wie es im Abschnitt 4 für die Eingabe von
Karten dargestellt wurde. In der Variablen

        s.ENDFILE

mit dem Typ BOOLEAN wird mitgeteilt, ob das Ende der zugehörigen Datei erreicht ist und keine weiteren Daten mehr
übertragen werden können.
Durch die Anweisung

        s.CLOSE;

wird das Lesen von der Datei abgeschlossen.
Auch dann, wenn das Ende der Datei noch nicht erreicht war,
besitzt die Variable s.ENDFILE anschließend den Wert TRUE.

Unter einer Datei mit direktem Zugriff wird in SIMULA eine
index-sequentielle Datei verstanden. Sie ist die einzige Datei-
form, bei der innerhalb eines Programms sowohl lesend als auch
schreibend auf die Daten der Datei zugegriffen werden kann.
Der Zugriff wird in der Klasse DIRECTFILE beschrieben.

Bevor man auf die Datei zugreifen kann, müssen folgende
Anweisungen eingegeben werden:

1) Es muß eine Referenzvariable d mit dem Typ

        REF(DIRECTFILE) d;

deklariert werden.

2) Es muß für diese Referenzvariable d ein Bezug auf eine neue
   Inkarnation der Klasse DIRECTFILE hergestellt werden:

        d :- NEW DIRECTFILE(n);

wobei n wieder die logische Nummer darstellt. Über diese
Nummer wird mit Hilfe der Zuordnungskarte auf der Ebene
der Job-Control die Datei zugeordnet.

3) Die Datei muß eröffnet werden. Hierzu dient die Anweisung

      d.OPEN(BLANKS(m));

wobei durch die Angabe von BLANKS(m) ein Puffer mit der
Länge m für die Aufnahme der Daten (sowohl bei der Eingabe als auch bei der Ausgabe) bereitgestellt wird. Mit
der Angabe der Pufferlänge hat man gleichzeitig die
Länge aller Datensätze in der Datei festgelegt.

Der Austausch der Daten zwischen dem Puffer und dem SIMULA-
Programm vollzieht sich durch die Prozeduren

      d.OUTCHAR   bzw.   d.INCHAR
      d.OUTINT   d.ININT
      d.OUTFIX
                  d.INREAL
      d.OUTREAL
      d.OUTTEXT   d.INTEXT

wie sie im Zusammenhang mit den Klassen OUTFILE und INFILE
beschrieben wurden. Das Übertragen des Pufferinhalts in die
Datei bzw. von der Datei in den Puffer geschieht durch die
Anweisungen

      d.OUTIMAGE; bzw. d.INIMAGE;

Dabei ist anzugeben, an welcher Stelle innerhalb der Datei
der Satz (d.h. der Inhalt des Puffers) stehen soll bzw.
steht. Man kann hierfür von folgender Vorstellung ausgehen:
Alle Datensätze der Datei werden - ähnlich wie die Komponenten
eines Vektors - bei 1 beginnend durchnumeriert. Durch die
Angabe seines Index ist der Datensatz eindeutig festgelegt.
Beim späteren Lesen muß der Satz durch Angabe des Index
"lokalisiert" werden, bevor der Satz gelesen werden kann.
Hierzu dient die Größe

      d.LOCATE(k);

wobei für k ein entsprechender Wert (Variable oder arithmetischer
Ausdruck) angegeben werden muß. Umgekehrt kann man sich über die
Größe

      d.LOCATION

den Wert des Index mitteilen lassen. In dieser Variablen
steht der Wert des als nächsten zu übertragenden Datensatzes. Der Wert von d.LOCATION wird bei jeder Anweisung
d.OUTIMAGE bzw. d.INIMAGE um 1 erhöht.

Die Schwierigkeit bei der Verarbeitung von index-
sequentiellen Dateien besteht darin, den Index der einzelnen
Datensätze in geeigneter Weise zu verwalten und mit den
Ausgangsdaten in Verbindung zu bringen. Für die Festlegung
der Zuordnung des Index zu einem aussagefähigen Schlüssel
(z.B. Kunden-Nr.) gibt es verschiedene Verfahren, die stark
davon abhängen, wie der Schlüssel aufgebaut ist. Wir wollen
hierauf nicht weiter eingehen.

Aufgabe 10.1

Bitte geben Sie ein Programm an, das es gestattet,
Rechnungen zu erstellen. Dabei ist von folgender Situation
auszugehen:

1) Die Kundenanschriften stehen in einer sequentiellen
   Datei ("Kundendatei"), wobei die Datei nach Kunden-
   Nummern sortiert ist.

2) Auf Lochkarten werden nach der Kunden-Nummer
   - die Menge des verkauften Artikels
   - der Artikel und
   - der Einzelpreis

   angegeben. Die Lochkarten sind nach der Kunden-Nummer
   sortiert.

   Die Unterteilung der Lochkarten und der Kundendatei-Sätze
   soll vom Programmierer festgelegt werden.

Die Ein- und Ausgabe bei Benutzung von magnetischen Daten-
trägern hängt auch von dem jeweils benutzten Betriebssystem ab.
Deswegen kann es sein, daß man beim Übergang von einer Rechenanlage auf eine andere einzelne Ein- und Ausgabeanweisungen
verändern muß.

11 Ko-Routinen

In den Abschnitten 6 und 7 wurde die Deklaration und
der Aufruf von Prozeduren erklärt. Allen Prozeduren ist
gemeinsam, daß sie durch Angabe ihres Namens (eventuell
gefolgt von der Angabe von aktuellen Parametern) aufgerufen
werden. Mit dem Aufruf des Unterprogramms wurde die Ausführung des aufrufenden Programmteils unterbrochen, das
Unterprogramm (eventuell mit den aktuellen Parameter-
Werten) durchlaufen, und nach Beendigung des Unterprogramms wurde in den aufrufenden Programmteil zurückverzweigt, so daß dann die sich anschließenden Anweisungen
ausgeführt werden konnten.

Eine Unterbrechung der Ausführung des aufgerufenen Unterprogramms mit Rückverzweigung in den aufrufenden Programmteil und Fortsetzung der aufgerufenen Prozedur an der
unterbrochenen Stelle zu einem späteren Zeitpunkt ist nicht
möglich. Diese Möglichkeiten bietet das Konzept der Ko-
Routinen, das mit Hilfe von Klassen und den Anweisungen
DETACH und RESUME realisiert wird.

Dieses Konzept soll an einem einfachen Beispiel demonstriert
werden, wobei davon abgesehen werden soll, daß man die ge-
stellte Aufgabe auch anders lösen kann.

<u>Beispiel 11.1</u>

Es soll die Nullstelle der Funktion

$$f(x) = \ln(x)-2$$

im Intervall (1,1o) durch das Halbschrittverfahren
bestimmt werden.

Bei dem Halbschrittverfahren wird die Funktion $f(x)$ in der
Mitte des Intervalls berechnet. Anschließend wird das
Intervallende,für das die Funktion dasselbe Vorzeichen wie
in der Mitte besitzt,durch den Intervallmittelpunkt ersetzt.
Durch fortgesetzte Halbierung zieht sich das Intervall auf
die gesuchte Nullstelle zusammen, es sei denn, eine Intervallgrenze stellt bereits die Nullstelle dar.

```
BEGIN
    REAL X;
    REAL ARRAY GR(1:2);
    REF(HALB) P1,P2;
    REAL PROCEDURE F(X);
        REAL X;
        F := LN(X)-2;
    CLASS HALB(K);
        INTEGER K;
        BEGIN
            REF(HALB) V;
            REAL Z,Y;
            Z := F(GR(K));
            SYSOUT.SETPOS(1+(K-1)*25);
            OUTFIX(GR(K),4,10); OUTREAL(Z,4,15); OUTIMAGE;
            DETACH;
BER:
            X := (GR(1)+GR(2))*0.5;
            Y := F(X);
            SYSOUT.SETPOS(1+(K-1)*25);
            OUTFIX(X,4,10); OUTREAL(Y,4,15); OUTIMAGE;
            IF ABS(Y) < @-4 THEN DETACH;
            IF SIGN(Y) /= SIGN(Z) THEN RESUME(V);
            GR(K) := X;
            GOTO BER;
        END;
    GR(1) := 1; GR(2) := 10;
    P1 :- NEW HALB(1);
    P2 :- NEW HALB(2);
    P1.V :- P2;
    P2.V :- P1;
    RESUME(P1);
    OUTFIX(X,4,10); OUTIMAGE;
END#
```

In dem angegebenen Programm werden die beiden neuen Anweisungen

        DETACH

und   RESUME

benutzt.

Durch die Anweisung

        DETACH;

die nur in einem Klassenrumpf angegeben werden darf, wird die
Folge von Anweisungen im Klassenrumpf unterbrochen und in den
Teil des Programms verzweigt, in dem die zugehörige Inkarnation
der Klasse veranlaßt wurde.

Dies bedeutet im Beispiel 11.1: Durch die Anweisung

        P1 :- NEW HALB(1);

wird eine Inkarnation der Klasse HALB veranlaßt, und es wird
begonnen, die Folge von Anweisungen des Klassenrumpfes zu durchlaufen. So wird der Funktionswert von F an der Grenze GR(1) bestimmt und der Variablen Z zugewiesen. Mit der Anweisung DETACH;
wird die Ausführung der Anweisungen im Klassenrumpf unterbrochen,
in das Hauptprogramm unmittelbar hinter die Anweisung

        P1 :- ...

zurückverzweigt und eine neue Inkarnation der Klasse HALB durch
die Anweisung

        P2 :- NEW HALB(2);

veranlaßt. Auch sie wird durch die Anweisung DETACH; verlassen.
Nun werden die Referenzzuweisungen an die Referenzvariable V der
beiden Inkarnationen ausgeführt.

Durch die Anweisung

        RESUME(P1);

wird die Folge der Anweisungen im Hauptprogramm unterbrochen
und mit der Ausführung der Anweisungen der Inkarnation der
Klasse HALB, auf die P1 verweist, begonnen, und zwar an der Stelle,
an der zuvor die Ausführung durch die Anweisung DETACH unterbrochen worden war. Es werden also der Intervallmittelpunkt und
der Funktionswert an dieser Stelle bestimmt. Solange der
Funktionswert größer als 10^{-4} ist und dasselbe Vorzeichen wie Z
besitzt, wird die Schleife mit der Intervallhalbierung innerhalb
derselben Inkarnation durchlaufen.

Wenn die Werte P1.Y und P1.Z ein unterschiedliches Vorzeichen besitzen, wird auf Grund der Anweisung

RESUME(V);

zu der Inkarnation der Klasse HALB verzweigt, auf die die Referenzvariable P1.V verweist. Beim ersten Mal wird die Ausführung bei der Marke BER wieder aufgenommen, da die Inkarnation durch DETACH unmittelbar vor dieser Marke verlassen wurde. Es wird die gleiche Folge von Anweisungen zur Intervallhalbierung wie oben durchlaufen, bis die Werte P2.Y und P2.Z unterschiedliches Vorzeichen besitzen. Nun wird wegen

RESUME(V);

von der Inkarnation, auf die P2 verweist, zurückverzweigt zu der Inkarnation, auf die P2.V verweist, und zwar an die Stelle, an der die Inkarnation zuvor verlassen wurde. In dieser Inkarnation wird nun die Intervallhalbierung fortgesetzt.

Sobald in einer der beiden Inkarnationen, auf die P1 bzw. P2 verweisen, der Absolutbetrag von Y den Wert 10^{-4} unterschreitet, wird die Anweisung

DETACH;

ausgeführt. Damit wird die Inkarnation verlassen und in den Programmteil verzweigt, in dem die zugehörige Inkarnation der Klasse veranlaßt wurde (also ins Hauptprogramm), und zwar an die Stelle, die der Anweisung

RESUME(P1);

unmittelbar folgt. Es wird der Wert von X ausgegeben und dann das Programm beendet. Die beiden Inkarnationen der Klasse HALB, die die Ausführung der Anweisungen unterbrechen und die Fortsetzung der Ausführung gegenseitig veranlassen, nennt man Ko-Routinen.

Kennzeichnet man die Ausführungen im aufrufenden Programmteil und in den beiden Inkarnationen der Klasse HALB, auf die

P1 und P2 verweisen, durch einen Strich in entsprechender Höhe
parallel zur Zeitachse, so kann man die Wechsel zwischen den
beiden Ko-Routinen und dem Hauptprogramm verdeutlichen:

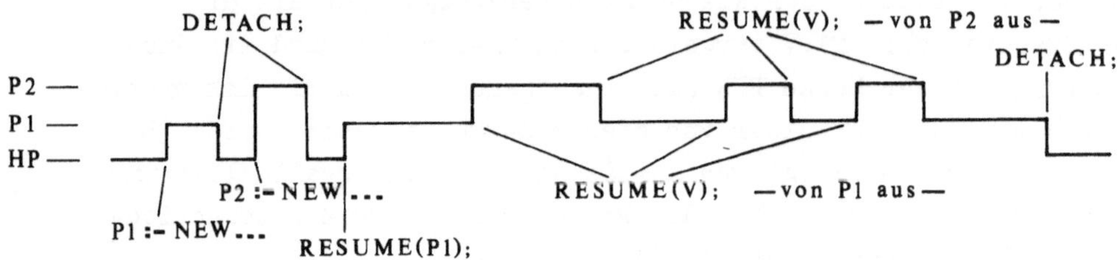

Im Beispiel 11.1 waren die beiden Ko-Routinen Inkarnationen
derselben Klasse. Dies lag auf Grund des Beispiels nahe;
allgemein dürfen Ko-Routinen auch Inkarnationen verschiedener
Klassen sein. Darüberhinaus ist die Zahl der sich gegenseitig
aufrufenden Ko-Routinen nicht beschränkt. Dazu sei ein Beispiel
angegeben, auf das wir im nachfolgenden Abschnitt 12 noch einmal
zurückkommen wollen.

<u>Beispiel 11.2</u>

Es soll das folgende Würfelspiel mit Hilfe von Ko-
Routinen in der Rechenanlage nachgebildet werden:
Jeder der 4 Mitspieler hat vor sich eine senkrechte
Stange, an der an einer markierten Stelle ein "Äffchen"
hängt. Es wird ein besonderer Würfel benutzt, der an 4
Seiten grün gefärbt ist und die Zahlen 1 bis 4 trägt,
und an den restlichen beiden Seiten rot ist, und die
Zahlen 1 und 2 hat. Würfelt ein Spieler eine Zahl im
grünen Feld, darf sein Äffchen um die entsprechende
Augenzahl nach oben klettern; würfelt er dagegen eine
rote Zahl, muß der Spieler sein Äffchen um die entsprechende Zahl nach unten setzen. Gewonnen hat derjenige Spieler, dessen Äffchen als erstes die Höhe von
36 Positionen überwunden hat.

Um in der Rechenanlage einen Würfel nachzubilden, muß man die Möglichkeit haben, Zufallszahlen zu erzeugen. Je nach der gewünschten Zahlendarstellung und der gewünschten Verteilung stehen zur Bestimmung von "Pseudo-Zufallszahlen" verschiedene Prozeduren zur Verfügung. Allen Prozeduren liegt ein gemeinsamer Algorithmus (der bei verschiedenen Rechenanlagen unterschiedlich sein kann) zugrunde, der aus einer vorgegebenen Zahl u_o nacheinander die Zahlen u_1, u_2,... berechnet.

$$u_{i+1} = f(u_i) \qquad i = o,1,...$$

Es ist klar, daß mit Wahl der Ausgangszahl u_o alle nachfolgenden Zahlen u_i festgelegt sind. Trotzdem stellen sie eine "gute Näherung" an eine Folge wirklicher Zufallszahlen dar [*]. Auf Grund der so ermittelten Zufallszahlen u_i werden die Werte für die verschiedenen Prozeduren bestimmt, wobei nun noch die gewünschte Verteilung und die Zahlendarstellung zu berücksichtigen sind. Bei einigen Prozeduren kann außerdem noch angegeben werden, aus welcher Menge von Zahlen die Zufallszahl genommen werden soll.

Die Funktionsprozedur zur Erzeugung ganzzahliger Zufallszahlen aus der Menge n,n+1,n+2...,m heißt

RANDINT(n,m,u)

Für den dritten Parameter u ist die Übergabeart "call by name" festgelegt. Beim ersten Aufruf wird dem Funktionsunterprogramm RANDINT der Startwert u_o übergeben. Das Unterprogramm "zieht" eine der ganzen Zahlen n,n+1,...,m (mit gleicher Wahrscheinlichkeit), errechnet gleichzeitig die Zufallszahl

$$u_1 = f(u_o)$$

und übergibt diesen Wert u_1 an die Variable, die an Stelle des Parameters u angegeben ist.

Es empfiehlt sich, als Startwert u_o eine Primzahl zu wählen. Darüberhinaus muß man darauf achten, daß die Variable u in einem übergeordneten Block (also außerhalb der Klasse) deklariert ist und ihr dort ein entsprechender Startwert zugewiesen wird, weil – um im Beispiel 11.2 zu sprechen – alle Mitspieler denselben Würfel benutzen müssen.

---

[*] Vgl. M.Abramowitz u.A.Stegun: Handbook of Mathematical Functions, Dover Publications, New York 1965, S. 949 ff

```
    BEGIN
        INTEGER AB,AUF,U,ANZ,N,NMAX;
        REF(SPIELER) H,ANF;
        CLASS SPIELER(N); INTEGER N;
        BEGIN
            REF(SPIELER) NAECHST;
            INTEGER HOEHE,DIFF;
            DETACH;
WUERFELN:
            DIFF := RANDINT(AB,AUF,U);
            IF DIFF = O THEN GOTO WUERFELN;
            HOEHE := HOEHE+DIFF;
            IF HOEHE < O THEN HOEHE := O;
            SYSOUT.SETPOS(20+N*5); OUTINT(HOEHE,5); OUTIMAGE;
            ANZ := ANZ+1;
            IF HOEHE < 36 THEN
            BEGIN
                RESUME(NAECHST);
                GOTO WUERFELN;
            END;
            DETACH;
        END;
        U := 17; AB := -2; AUF := 4; NMAX := 4;
        ANF :- H :- NEW SPIELER(1);
        FOR N := 2 STEP 1 UNTIL NMAX DO
        BEGIN
            H.NAECHST :- NEW SPIELER(N);
            H :- H.NAECHST;
        END;
        H.NAECHST :- ANF; ANZ := O;
        RESUME(ANF);
        OUTTEXT('ZAHL DER WUERFE PRO SPIELER');
        OUTFIX(ANZ/NMAX,2,7); OUTIMAGE;

    END#
```

In der Klasse SPIELER wird das eigentliche Spiel beschrieben.
Die Variable N (Spieler-Nummer) ist angegeben worden, um den
Spielverlauf übersichtlicher dokumentieren zu können. Bei der
Inkarnation der Klasse SPIELER auf Grund der Anweisung

$$\text{ANF} :- \text{NEW SPIELER}(1);$$

wird die Ausführung der Anweisungen der Klasse mit der ersten
Anweisung DETACH; unterbrochen, und es werden die nachfolgenden
Anweisungen im aufrufenden Programmteil ausgeführt. So werden
die übrigen 3 Inkarnationen der Klasse SPIELER geschaffen, und
es wird dafür gesorgt, daß die Referenzvariablen NAECHST der
einzelnen Klasseninkarnationen auf die jeweils nachfolgende Inkarnation verweisen. Der Referenzvariablen der letzten Inkarnation
wird der Verweis auf die erste Inkarnation zugewiesen, so daß durch
die Referenzvariablen die Runde der Mitspieler geschlossen ist.

Durch die Anweisung

$$\text{RESUME}(\text{ANF});$$

wird der erste "Mitspieler" zum Würfeln und Verschieben seines
"Äffchens" auf die entsprechende HOEHE veranlaßt. Anschließend
bewirkt er durch die Anweisung

$$\text{RESUME}(\text{NAECHST});$$

die Aktivierung des nach ihm folgenden Mitspielers usw. Das Spiel
wird beendet, sobald für eine Inkarnation der Klasse SPIELER die
Variable HOEHE einen Wert erreicht, der größer oder gleich 36 ist.
In diesem Fall wird auf Grund der Anweisung

$$\text{DETACH};$$

in den Programmteil verzweigt, in dem die Inkarnationen der
Klasse veranlaßt wurden, und zwar an die Stelle, an der vorher
die Ausführung der Anweisungen unterbrochen wurde. Es werden damit
die Angaben

$$\text{ZAHL DER WUERFE PRO SPIELER } 21.50$$

ausgedruckt und das Programm beendet.

Aufgabe 11.1

Im Beispiel 6.4 (Seite 83) wurde eine Prozedur (GRAPH) zum
"Zeichnen" einer Kurve angegeben. Bitte übertragen Sie diese
Prozedur in eine Klasse, so daß Ihr Programm durch Ko-Routinen
in der Lage ist, mehrere Kurven in einem Intervall graphisch
auszugeben. Als Beispiel wählen Sie bitte die Tschebyscheff-
Polynome 2. bis 4. Grades im Intervall $(-1,1)$. Für jede Kurve
soll ein besonderes Zeichen benutzt werden.

12 Simulation

In dem vorausgegangenen Abschnitt 11 wurde dargestellt,
wie sich einzelne Routinen gegenseitig aufrufen können. Mit
Hilfe von Klassen und den Anweisungen DETACH und RESUME war es
möglich, einen Spiel-Verlauf in der Rechenanlage zu simulieren.
Sicherlich lassen sich alle Simulationsaufgaben (für die SIMULA
adäquat ist) mit den bisher angegebenen Sprachelementen beschreiben und damit programmieren. Man kann aber häufig den vorgegebenen Lösungsweg einfacher beschreiben, wenn man auf die
Klasse SIMULATION zurückgreift, in der eine Reihe weiterer
Hilfsmittel bereitgestellt werden.

Da für die Klasse SIMULATION ein zusätzlicher Bedarf an
Kernspeicher abgedeckt werden muß - der u.U. auf Kosten des
Benutzerprogramms bereitzustellen ist - wird sie nur auf be-
sondere Anforderung hin zur Verfügung gestellt.

Dies geschieht durch Angabe eines sog. Blockpräfixes. Ein
Blockpräfix ist der Name einer Klasse, der vor einem Block angegeben wird.

<u>Beispiel</u>

```
BEGIN
  SIMULATION BEGIN
        Innerhalb dieses Blockes stehen alle
        Hilfsmittel der vorgegebenen Klasse
        SIMULATION zur Verfügung
  END;
END#
```

Da die Klasse SIMULATION die Anweisungen DETACH und RESUME
benutzt und diese in einer bestimmten Relation zueinander stehen
müssen, sollte man in einem Block mit dem Präfix SIMULATION die
Anweisungen DETACH und RESUME nicht explizit benutzen; es könnten
sonst unerwünschte Nebeneffekte auftreten.

<u>Beispiel 12.1</u>

Es soll die Aufgabe von Beispiel 11.2 mit Hilfe der
vorgegebenen Klasse SIMULATION gelöst werden.

```
    BEGIN
    SIMULATION BEGIN
        INTEGER AB,AUF,U,ANZ,N,NMAX;
        REF(SPIELER) H,ANF;
        PROCESS CLASS SPIELER;
        BEGIN
            REF(SPIELER) NAECHST;
            INTEGER HOEHE,DIFF;
WUERFELN:
            DIFF := RANDINT(AB,AUF,U);
            IF DIFF = 0 THEN GOTO WUERFELN;
            HOEHE := HOEHE+DIFF;
            ANZ := ANZ+1;
            IF HOEHE < 0 THEN HOEHE := 0;
            IF HOEHE < 36 THEN
            BEGIN
                ACTIVATE NAECHST QUA PROCESS AFTER CURRENT;
                PASSIVATE;
                GOTO WUERFELN;
            END;
        END;
        U := 17; NMAX := 4; AB := -2; AUF := 4;
        H :- ANF :- NEW SPIELER;
        FOR N := 2 STEP 1 UNTIL NMAX DO
        BEGIN
            H.NAECHST :- NEW SPIELER;
            H :- H.NAECHST;
        END;
        H.NAECHST :- ANF;
        ACTIVATE ANF QUA PROCESS

            |   Ausgabe von Ergebnissen

        FOR N := 1 STEP 1 UNTIL NMAX DO
        BEGIN
            H :- ANF.NAECHST;
            TERMINATE(ANF QUA PROCESS);
            ANF :- H;
        END;
    END;
    END#
```

In dem angegebenen Programm sind die folgenden bisher
noch nicht erläuterten Anweisungen oder Teile von Anweisungen
benutzt worden:

```
PROCESS CLASS spieler;
ACTIVATE naechst QUA PROCESS AFTER CURRENT;
PASSIVATE;
ACTIVATE anf QUA PROCESS;
TERMINATE(anf QUA PROCESS);
```

Zur Unterscheidung der vorgegebenen Schlüsselworte von den frei
wählbaren Namen wurden die gewählten Namen abweichend vom Programm
(spieler, naechst und anf) klein geschrieben.

In der Deklaration der Klasse SPIELER haben wir den Ablauf
des Spiels so programmiert, wie ihn der einzelne Spieler erlebt.
Im allgemeinen wird man den Ablauf eines Verfahrens oder eines
Prozesses in der Deklaration einer oder mehrerer Klassen beschreiben. Damit die Möglichkeiten, wie sie die vorgegebene
Klasse SIMULATION bereitstellt, für die vom Programmierer ent-
wickelte Klasse zur Verfügung stehen, muß die Klasse in eine
entsprechende Umgebung eingefügt werden. Dies geschieht dadurch,
daß die neu programmierte Klasse als Unterklasse der vorgegebenen
Klasse PROCESS deklariert wird. Hierzu ist der Klassenname PROCESS
als Klassen-Präfix vor der Klassendeklaration anzugeben, d.h. in
unserem Beispiel

```
PROCESS CLASS SPIELER;
```

Falls der Ablauf eines Verfahrens durch die Deklaration mehrerer
Klassen zu beschreiben ist, muß das Präfix PROCESS vor jeder
Klassendeklaration angegeben werden.

Da mit der obigen Deklaration die Klasse SPIELER eine Unterklasse von PROCESS ist, kann man im späteren Programmablauf nicht
mehr unmittelbar auf die - etwa durch die Anweisung

```
ANF :- NEW SPIELER;
```

geschaffene - Inkarnation zugreifen. Die Inkarnation ist nur
dann erreichbar, wenn angegeben wird, daß es sich bei der Inkarnation, auf die ANF verweist, um eine Unterklasse der Klasse
PROCESS handelt. Man "qualifiziert" die Inkarnation als Teil von
PROCESS durch die Angabe

```
ANF QUA PROCESS
```

Die Anweisung

    ACTIVATE ANF QUA PROCESS;

entspricht in etwa der Anweisung

    RESUME(ANF);

wie wir sie im Beispiel 11.2 kennengelernt haben: Durch die
Anweisung wird die Ausführung der Anweisungen der Inkarnation,
auf die ANF verweist, unmittelbar veranlaßt. Man kann aber den
Beginn der Ausführung auch an die Beendigung oder Unterbrechung
der Anweisungen einer anderen Inkarnation knüpfen, wie z.B. in
dem Aktivierungsbefehl innerhalb der Klasse SPIELER

    ACTIVATE NAECHST QUA PROCESS AFTER CURRENT;

Hier wird mit der Ausführung von Anweisungen der Klasseninkarnation,
auf die NAECHST verweist, erst nach Abschluß der gerade laufenden
Anweisungen (daher der Zusatz AFTER CURRENT) begonnen.

Der Aktivierungsbefehl wird später noch ausführlicher beschrieben, da mit ihm weitergehende zeitliche Kopplungen zu
einzelnen Verfahrensabläufen durchgeführt werden können
(vgl. Seite 147).

Die Ausführung der Anweisungen einer Klasseninkarnation kann
nur durch die im Klassenrumpf anzugebende Anweisung

    PASSIVATE;

unterbrochen werden. Damit wird die gerade noch aktive Inkarnation
verlassen und - falls noch andere Inkarnationen durch entsprechende Aktivierungsbefehle zur Ausführung vorgemerkt sind - mit der
Ausführung der als nächstes zu bearbeitenden Inkarnation begonnen.
Die Ausführung der durch

    PASSIVATE;

verlassenen Inkarnation kann nur durch einen Aktivierungsbefehl
von außen fortgesetzt werden. Die Anweisung PASSIVATE; ist also
in ihrer Wirkung der Anweisung DETACH; vergleichbar.

Sobald man die Inkarnation einer Klasse nicht mehr benötigt,
sollte man sie durch

    TERMINATE(r);

beenden, wobei r für die Referenzvariable steht, die auf die
Inkarnation verweist. Auf diese Weise kann erneut über den
Speicherplatz verfügt werden, den die Inkarnation eingenommen hat.

<u>Aufgabe 12.1</u>

Bitte simulieren Sie das folgende Spiel auf der Rechenanlage:

Die Mitspieler müssen der Reihe nach Steinchen in ein
Feld werfen, das folgendermaßen in Teilfelder aufge-
teilt ist:

d	d	d	d	d
d	c	c	c	d
d	c	a	c	d
d	c	b	c	d
d	c	c	c	d
d	d	d	d	d

$a = 100$
$b = 50$
$c = 30$
$d = 10$

Nach jedem Wurf wird dem Mitspieler der $(n+1)$fache Wert des
Teilfeldes als Punkte-Zuwachs gutgeschrieben. Dabei ist n
die Anzahl der Steinchen, die von früheren Würfen in dem
Teilfeld liegen. Gewonnen hat derjenige Spieler, der die
meisten Punkte erhalten hat.

Welche Punktzahl wird im Mittel pro Wurf erreicht, wenn
8 Mitspieler je 7 Steinchen werfen dürfen? (Zur Vereinfachung
soll angenommen werden, daß jeder Wurf auf das beschriebene
Feld trifft.)

Im folgenden wollen wir nicht mehr von "Inkarnation einer Klasse"
und deren Ausführung sprechen, sondern kurz von "Verfahren".
Ein Verfahren kann demnach

- aktiv sein, d.h.   seine Anweisungen werden zur Zeit ausgeführt,
- passiv sein, d.h.   die Ausführung ist durch PASSIVATE; ausge-
                      setzt,
- beendet sein, d.h. das Verfahren ist durch TERMINATE beendet
                     und der Kernspeicherplatz freigegeben worden.

Neben diesen 3 Zuständen eines Verfahrens ergibt sich noch ein
weiterer im Zusammenhang mit dem zeitlichen Ablauf des simulierten
Vorgangs.

Dieser simulierte Zeitablauf wird in einer Größe TIME vom Typ REAL
in der Klasse SIMULATION mitgeführt. Stellt man den Ablauf entlang
der Zeitachse dar, so kann man durch besondere Anweisungen dafür
sorgen, daß auf der Zeitachse Markierungen angebracht werden,

die ihrerseits ein Verfahren beginnen lassen, sobald die
simulierte Zeit diese Markierung erreicht hat.

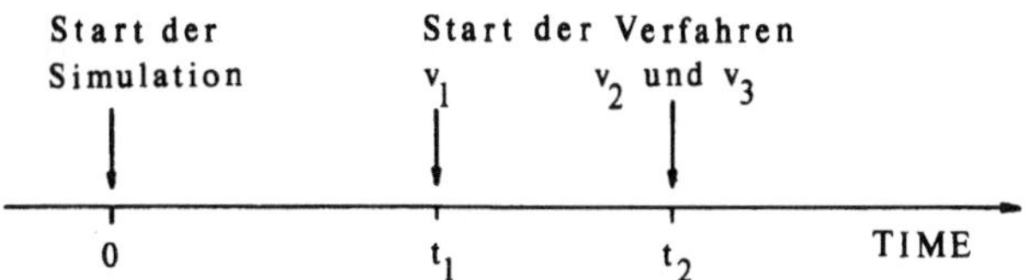

Die Verfahren, deren Beginn entlang der Zeitachse markiert sind,
und die weder bearbeitet noch aktiv sind, nennen wir "vorgemerkte
Verfahren".

Die Markierungen entlang der Zeitachse werden durch den
Aktivierungsbefehl mit einer Zeitangabe veranlaßt. Je nach der
Art der Zeitangabe kann man die folgenden Aktivierungsbefehle
unterscheiden:

a) Soll ein Verfahren v zu der Zeit t gestartet werden, so hat man

ACTIVATE v AT t;

einzugeben. Hierdurch wird auf der Zeitachse an dem Punkt t
eine Markierung angebracht. Sobald TIME den Wert t erreicht
hat, geht das Verfahren v automatisch von dem Zustand
"vorgemerkt" in den Zustand "aktiv" über.

b) Will man ein Verfahren v nach einer bestimmten Zeitspanne Δt
(gemessen vom momentanen Wert von TIME an) beginnen lassen,
so hat man die Anweisung

ACTIVATE v DELAY Δt;

zu benutzen.

c) Soll ein Verfahren v <u>unmittelbar vor</u> oder <u>nach</u> dem Beginn eines
anderen Verfahrens v_1 gestartet werden, so hat man entweder

ACTIVATE v BEFORE v_1;

oder   ACTIVATE v AFTER v_1;

anzugeben. Die Markierung des Startpunktes des Verfahrens v
auf der Zeitachse fällt mit der Markierung des Startpunktes
von v_1 zusammen.

d) Falls man ein Verfahren v zu einem bestimmten Zeitpunkt t
unmittelbar vor allen anderen Verfahren, die zu diesem
Zeitpunkt t ebenfalls begonnen werden sollen - also mit
höchster Priorität - starten lassen will, so hat man

ACTIVATE v AT t PRIOR;

anzugeben. Der entsprechende Befehl zur Aktivierung nach
einer Zeitspanne Δt lautet

ACTIVATE v DELAY Δt PRIOR;

Wird das Schlüsselwort PRIOR nicht angegeben, d.h. werden die
Anweisungen in der unter a) und b) beschriebenen Form benutzt,
wird das angesprochene Verfahren zum vorgesehenen Zeitpunkt als
letztes Verfahren gestartet.

Durch die Anweisung

CANCEL(v);

wird ein vorgemerktes Verfahren in den Zustand passiv überführt.
Damit kann es nur durch einen Aktivierungsbefehl wieder in den
aktiven oder vorgemerkten Zustand gebracht werden. Soll das Verfahren anschließend nicht mehr gestartet werden, sollte man es
durch die bereits angeführte Anweisung

TERMINATE(v);

beenden, damit der belegte Speicherplatz neu vergeben werden kann.

Die Anweisung

HOLD(Δt);

im Klassenrumpf - d.h. in einem aktiven Verfahren - überführt dieses
Verfahren in den "vorgemerkten" Zustand. Es wird nach der Zeitspanne Δt automatisch wieder aktiviert. Die Anweisung entspricht
dem Befehl

REACTIVATE CURRENT DELAY Δt;

Der Befehl REACTIVATE kann mit denselben Zeitangaben versehen
werden wie der Befehl ACTIVATE. Ist das betroffene Verfahren im
Zustand "passiv", bewirken beide Befehle dasselbe. Ist das Verfahren

dagegen im Zustand "vorgemerkt", so ist der Befehl ACTIVATE wirkungslos, während der Befehl REACTIVATE die vorhandene Vormerkung an der Zeitachse löscht und eine neue Vormerkung gemäß der Zeitangabe des REACTIVATE-Befehls vornimmt. Dies ist erforderlich, weil ein Verfahren stets nur eine Vormerkung besitzen kann.

Die beschriebenen Übergänge eines Verfahrens kann man an dem folgenden Graphen ablesen:

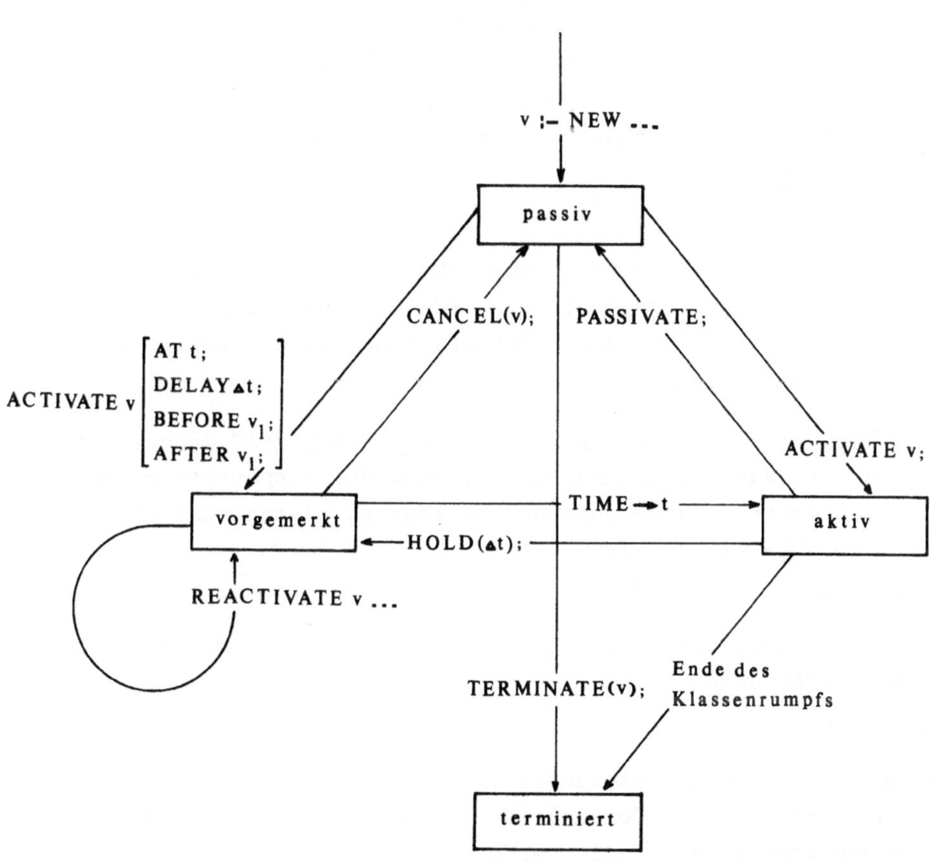

Bei den Beispielen dieses Abschnitts haben wir durch Variable
vom Typ REF jeweils angegeben, welches Verfahren als nächstes
zu starten ist. Dies ist verhältnismäßig einfach gewesen, weil
es sich dabei nur um eine einzige Folge von Verfahren handelte.
Sobald man vom Problem her gezwungen ist, mehrere Folgen von Verfahren parallel zu verwalten, sollte man auf die Hilfsmittel zur
Verwaltung von "Warteschlangen" (auch "Listen" genannt) zurückgreifen, wie sie automatisch mit Angabe des Präfix SIMULATION
bereitgestellt werden.

In den Listen werden ganz allgemein Verweise auf Inkarnationen
von Klassen eingetragen, die sich nicht notwendig auf Verfahren
im Sinne der Simulation beziehen müssen. Will man in einem Programm nur auf die Listenverarbeitung zurückgreifen und damit
z.B. Verbunde (siehe Abschnitt 8) verarbeiten, so hat man dazu als
Block-Präfix den Namen

    SIMSET

an Stelle des Präfix SIMULATION anzugeben. Darüber hinaus muß
als Klassen-Präfix an Stelle von PROCESS der Name LINK für die
Klassen angegeben werden, deren Inkarnationen in den Listen eingetragen werden sollen.

Eine weitere vorgegebene Klasse mit dem Namen HEAD ermöglicht
den Aufbau der Warteschlangen bzw. Listen. Um im späteren Programmablauf eine Warteschlange aufbauen zu können, müssen eine oder
mehrere Variable mit dem Typ

    REF(HEAD)

deklariert werden, und es müssen eine oder mehrere Inkarnationen
der Klasse HEAD durch

    NEW HEAD

veranlaßt werden, wobei gleichzeitig der Bezug für die Referenzvariable hergestellt werden muß. Durch nachfolgende Anweisungen
muß die Warteschlange gefüllt werden.

Eine nicht leere Warteschlange ws hat folgenden prinzipiellen
Aufbau:

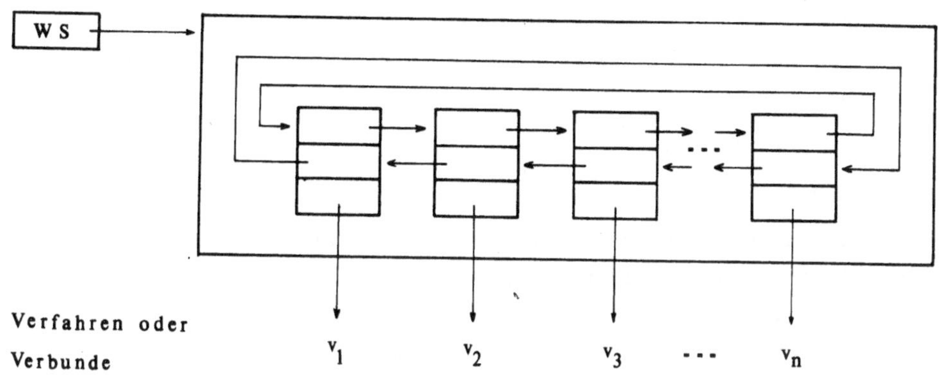

Vorausgegangen sind die Anweisungen

        REF(HEAD) WS;
        ⋮
        WS :- NEW HEAD;

und entsprechende Anweisungen zur Schaffung der Verfahren (oder
Verbunde) v_1, v_2,...,v_n sowie das Eintragen in die Liste, auf
die WS zeigt.

   In den nachfolgenden Erläuterungen wollen wir uns auf die
Warteschlange WS beziehen und annehmen, daß es sich bei v_1, v_2,...,
v_n um Verfahren handelt.

   Ein neues Verfahren Y können wir durch die Anweisung

        Y.INTO(WS);

in die Warteschlange WS aufnehmen. Das Verfahren Y steht dann
hinter dem Verfahren v_n und ist damit das letzte Verfahren in der
Warteschlange. Falls man ein Verfahren Y <u>vor</u> oder <u>hinter</u> einem
anderen Verfahren v_j in eine Warteschlange eintragen will, hat man
die Anweisungen

        Y.PRECEDE(v_j);
oder   Y.FOLLOW(v_j);

anzugeben. Da jedes Verfahren nur in einer einzigen Warteschlange
eingetragen sein kann, braucht man nicht die gewünschte Liste
anzuführen: Sie ergibt sich implizit aus der Warteschlange

des Verfahrens v_j. Falls das Verfahren Y bereits zu einer Warteschlange gehörte, wird es dort herausgenommen und in die Warteschlange, der v_j angehört, an der gewünschten Stelle eingefügt. Das gleiche gilt übrigens auch für die Anweisung INTO. Falls man ein Verfahren Y aus seiner Warteschlange herausholen möchte, hat man

   Y.OUT;

anzugeben.

 Innerhalb des Klassenrumpfes zur Deklaration eines Verfahrens, das in eine Warteschlange aufgenommen oder aus dieser gestrichen werden soll, kann man keinen Bezug auf eine entsprechende Inkarnation angeben. Es genügen daher im Klassenrumpf die Anweisungen

   INTO(WS);
   PRECEDE(v_j);
   FOLLOW(v_j);
bzw. OUT;

um eine entsprechende Eintragung bzw. Streichung in der Warteschlange WS zu veranlassen.

 Mit Hilfe der Größen

   WS.FIRST und WS.LAST

wird ein Bezug auf das erste bzw. letzte Verfahren der Warteschlange WS hergestellt. In der Größe WS.CARDINAL vom Typ INTEGER wird die Anzahl der in der Warteschlange WS eingetragenen Verfahren mitgeteilt.

 Die Größe WS.EMPTY vom Typ BOOLEAN besitzt den Wert TRUE, wenn die Warteschlange WS leer ist, und sonst den Wert FALSE.

 Soll die Warteschlange WS von allen Eintragungen geleert werden, so hat man die Anweisung WS.CLEAR; anzugeben.

<u>Aufgabe 12.2</u>

 Bitte simulieren Sie die Benutzung eines Kartenlesers durch die Abgabe einzelner Jobs. Gehen Sie dabei von folgender Situation aus:

Die Benutzer treffen gleichverteilt zwischen o und 1o Zeiteinheiten hintereinander am Kartenleser ein (t = RANDINT(0,10,u)) und geben jeweils einen Job ab, dessen Einlesezeit gleichver-

teilt zwischen 1 und 8 Zeiteinheiten benötigt.
Wie groß ist im Mittel die Wartezeit eines einzelnen Benutzers
(gemittelt über 3o Benutzer)?

In der nachfolgenden Tabelle werden die vorgegebenen Prozeduren
und Anweisungen aufgeführt, die mit dem Präfix SIMULATION bereit-
stehen (Klassen SIMSET und SIMULATION).

Name	Typ des Erg.	Arg.	Seite	Hinweise
ACCUM(...)	–	R	–	zur Erstellung von Statistiken während der Simulation
ACTIVATE v	–	–	145	aktiviert Verfahren v (zusätzl.zeitl. Relationen)
CANCEL(v)	–	REF	148	Verfahren v wird passiv
w.CARDINAL	I	–	152	Anzahl der Eintragungen der Liste w
w.CLEAR	–	–	152	löscht alle Eintragungen der Liste w
CURRENT	REF	–	145	verweist auf das aktive Verfahren
w.EMPTY	B	–	152	Wert TRUE, falls die Liste w leer ist
v.EVTIME	R	–	–	Zeitpunkt des Starts des Verfahrens v
w.FIRST	REF	–	152	verweist auf das _erste_ Verfahren der Liste w
v.FOLLOW(v_1)	–	REF	151	fügt v _hinter_ v_1 in dieselbe Liste wie v_1
HOLD(x)	–	R	148	das aktive Verfahren wird für die Zeit-spanne x unterbrochen
v.IDLE	B	–	217	Wert TRUE, wenn Verfahren v passiv oder terminiert ist
v.INTO(w)	–	REF	151	fügt v in die Liste w ein (am Schluß)
w.LAST	REF	–	152	verweist auf das _letzte_ Verfahren der Liste w
NEXTEV	REF	–	–	verweist auf das nächste automatisch zu aktivierende Verfahren
v.OUT	–	–	152	holt das Verfahren v aus seiner Liste
PASSIVATE	–	–	145	das aktive Verfahren wird passiv
v.PRECEDE(v_1)	–	REF	151	fügt v _vor_ v_1 in dieselbe Liste wie v_1
REACTIVATE v	–	–	148	reaktiviert Verfahren v (zusätzlich zeitl. Relationen)
TERMINATE(v)	–	REF	145	wie CANCEL(v); zusätzlich Speicherplatzfreigabe
TIME	R	–	146	liefert die momentane Simulationszeit
WAIT(w)	–	REF	–	das aktive Verfahren wird passiv, Eintragung am Schluß der Liste w

Lösungen zu den Beispielen und Aufgaben

<u>Zu Beispiel 1.1 (Seite 1)</u>


```
0001      00        BEGIN $ ***   BEISPIEL 1.1  ***  $
0002      00          REAL X,Y;
0003      01          X := 5;
0004      01          Y := 0.3*X**2+0.25*X-1;
0005      01          OUTFIX(X,6,20); OUTFIX(Y,6,20); OUTIMAGE;
0006      01        END#
                5.000000              7.749998
EXECUTION TERMINEE
```


Auf der linken Seite der Programm-Liste werden die eingegebenen Programmkarten durchnumeriert. Anschließend wird da-
neben durch eine zweiziffrige Zahl die Struktur des Programms
(etwas verschoben) angegeben. Die Bedeutung wird erst zum
späteren Zeitpunkt (Abschnitt 6) verständlich. Das Programm
wird in derselben Weise aufgelistet, wie es eingegeben wurde;
einer Zeile in der Liste entspricht dabei eine Lochkarte in
dem eingegebenen Programmpaket.

Als Ergebnis für Y wird der Wert 7.749998 ausgegeben, der
bis auf einen <u>relativen Fehler</u> von ca. $2,6 \cdot 10^{-7}$ mit dem
richtigen Wert 7,75 übereinstimmt. Der Fehler wird durch die
interne Darstellung von Zahlen mit dem Typ REAL hervorgerufen
(vgl. Anhang A). Durch den Text EXECUTION TERMINEE wird mitgeteilt, daß das Programm ordnungsgemäß beendet wurde.

<u>Zu Aufgabe 1.1 (Seite 5)</u>

```
0001      00        BEGIN $ ***  AUFGABE 1.1  ***  $
0002      00          REAL A,B,C,D,E,X,Y;
0003      01          A := 4; B := 3; C := -6; D := 1.5; E := -3;
0004      01          X := 2.5;
0005      01          Y := (A*X**2+B*X+C)/(D*X+E);
0006      01          OUTFIX(X,6,20); OUTFIX(Y,6,20); OUTIMAGE;
0007      01        END#
                2.500000             35.333328
EXECUTION TERMINEE
```

Zu Aufgabe 1.2 (Seite 5)

Das angegebene Programm hat an den gekennzeichneten Stellen
Fehler

```
    BEGIN
         ①    ②   ③
      REAL Z; X : = 3,5;
      ④⑤       ⑥  ⑦   ⑧      ⑨
      Z = X** 2-2X+1/(X* *2+1)
                            ⑩
      OUTFIX(X,6,20); OUTFIX(Y,6,20); OUTIMAGE;

    END#
```

1) Die Variable X ist nicht deklariert.

2) Das Zuweisungszeichen := darf kein Leerzeichen enthalten.

3) Statt des Kommas muß ein Dezimalpunkt angegeben werden.

4) Das Zuweisungszeichen lautet :=

5,7) Die Klammern für den Zähler fehlen.

6) Das Multiplikationszeichen fehlt.

8) Das Zeichen für die Exponentiation darf nicht auseinander-
gezogen werden.

9) Das Semikolon fehlt.

1o) Es wurde nicht Y berechnet, sondern Z.

Das Programm lautet korrekt:

```
0001    00       BEGIN $ *** AUFGABE 1.2 *** $
0002    00          REAL Z,X; X := 3.5;
0003    01          Z := (X** 2-2*X+1)/(X**2+1);
0004    01          OUTFIX(X,6,20); OUTFIX(Z,6,20); OUTIMAGE;
0005    01          END#
                 3.500000            0.471698
EXECUTION TERMINEE
```

Zu Beispiel 2.2 (Seite 8)

```
0001    00       BEGIN $ *** BEISPIEL 2.2 *** $
0002    00          INTEGER J;
0003    01          REAL Z,X,D;
0004    01          J := 2;
0005    01          X := 4;
0006    01          D := 3;
0007    01          Z := 3.5*X/5**J+(X-6)*D;
0008    01          OUTFIX(Z,6,20); OUTIMAGE;
0009    01          END#
                 -5.440000
EXECUTION TERMINEE
```

<u>Zu Aufgabe 2.1 (Seite 12)</u>
```
   BEGIN
    INTEGER J,K,L,M,N,P;
    REAL A,B,C;
    J := 1;
    K := 1234567890;
```

1)   A := K/J;
Der arithmetische Ausdruck K/J besitzt wegen der Division
den Typ REAL. Da nur 6-7 Dezimalziffern exakt dargestellt
werden können (vgl. Anhang A), stimmt das Ergebnis für A
nicht mit dem Wert der Variablen K überein, obwohl K durch
den Wert 1 dividiert wurde.

2)   L := K/J-50;
Auf Grund des unter 1) Gesagten liegt der Wert 5o im Bereich des Rundungsfehlers von K/J. Auch wenn das Ergebnis
anschließend einer Variablen vom Typ INTEGER zugewiesen
wird, bleibt der Genauigkeitsverlust erhalten.

3)   M := K//J-50;
Wegen der INTEGER-Division mit dem Wert 1 ist K//J wertmäßig mit K gleich. In der Variablen M wird deshalb der
korrekt berechnete Wert 1234567840 gespeichert.

4)   N := B+K-50-K;
Die Variable B besitzt den Wert 0.0 (Initialisierung) und
den Typ REAL; der gesamte arithmetische Ausdruck wird deshalb mit Zwischenergebnissen vom Typ REAL berechnet. Das
Ergebnis liegt im Bereich der Rundungsfehler.

5)   P := K-50-K+B;
Da die Variable B jetzt als letzte angegeben ist, liefert
das Zwischenergebnis K-50-K den Typ INTEGER mit dem
Wert -50.Wenn zu diesem Wert noch Null (mit Typ REAL wegen B)
addiert wird, ändert sich das Ergebnis nicht mehr, da auch
kein Genauigkeitsverlust damit verbunden ist.

6) B := K*5;

Das Ergebnis besitzt den Typ INTEGER. Da der Wert außerhalb
des zulässigen Zahlenbereichs liegt und als Ergebnis das
restliche Bitmuster (ohne Fehlermeldung!) genommen wird,
ist der Wert der Variablen B falsch.

7) C := K*5.;

Wegen des Dezimalpunktes der REAL-Konstanten 5. wird der
arithmetische Ausdruck K*5. als REAL-Größe ausgewertet.
Abgesehen von dem Rundungsfehler liefert die Multiplikation
den richtigen Wert.

Zu Beispiel 3.1 (Seite 13 ff)


```
0001    00         BEGIN  $  ***   BEISPIEL 3.1  - IF SCHLEIFE  ***   $
0002    00            REAL X,Y;
0003    01            X := -3;
0004    01         BER: Y := (0.3*X+0.25)*X-1;
0C05    01            OUTFIX(X,6,20); OUTFIX(Y,6,20); OUTIMAGE;
0006    C1            X := X+0.2;
0007    01            IF X <= 2.4 THEN GOTO BER;
0008    01            END#
                -3.000000              0.949999
                -2.799999              0.651998
                -2.599998              C.377997
                -2.399998              0.127996
                -2.199997             -0.098004
                -1.999996             -0.300004
                -1.799995             -0.478004
                -1.599995             -C.632004
                -1.399994             -0.762004
                -1.199993             -0.868003
                -0.999993             -0.950002
                -0.799993             -1.008001
                -0.599993             -1.042000
                -0.399993             -1.051999
                -0.199993             -1.037998
                 0.000007             -0.999998
                 0.200007             -0.937998
                 0.400007             -0.851997
                 C.600007             -C.741996
                 0.800007             -0.607995
                 1.000007             -C.449994
                 1.200006             -0.267994
                 1.400006             -0.061993
                 1.600006              0.168007
                 1.800006              C.422008
                 2.000006              0.700007
                 2.200006              1.002007
EXECUTION TERMINEE
```

Die Funktion y wird an der oberen Grenze 2,4 des Intervalls
nicht mehr berechnet, weil auf Grund der Rundungsfehler die
Variable X einen etwas zu großen Wert besitzt. Will man den
Funktionswert auch für X = 2,4 berechnen lassen, so muß man
die obere Grenze etwas erhöhen. Hier nimmt man meistens die
Hälfte der Schrittweite; also würde die Abfrage dann lauten

    IF X <= 2.5 THEN GOTO BER;

Die gleichen Programme lauten mit der WHILE-Schleife und
der FOR-Schleife (ohne Auflistung der Ergebnisse):

```
0001    00      BEGIN  $  ***  BEISPIEL 3.1  - WHILE SCHLEIFE  ***  $
0002    00         REAL X,Y;
0003    01         X := -3;
0004    01         WHILE X <= 2.4 DO
0005    01         BEGIN
0006    01            Y := (0.3*X+0.25)*X-1;
0007    02            OUTFIX(X,6,20); OUTFIX(Y,6,20); OUTIMAGE;
0CC8    02            X := X+0.2;
0009    02         END;
0010    01      END#
```

```
0001    00      BEGIN  $  ***  BEISPIEL 3.1  - FOR SCHLEIFE  ***  $
0002    00         REAL X,Y;
0003    01         FOR X := -3 STEP 0.2 UNTIL 2.4 DO
0004    01         BEGIN
0005    01            Y := (0.3*X+0.25)*X-1;
0006    02            OUTFIX(X,6,20); OUTFIX(Y,6,20); OUTIMAGE;
0007    02         END;
0008    01      END#
```

Zu Aufgabe 3.1 (Seite 22)

    FOR l := a STEP i UNTIL e DO s;
a) als WHILE-Schleife:

    l := a;
    IF i < 0 THEN v := -1 ELSE v := 1;
    WHILE (l-e)*v <= 0 DO
    BEGIN
       s;
       l := l+i;
    END;

b) als IF-Schleife:

```
        l := a;
        IF i < 0 THEN v := -1 ELSE v := 1;
Marke1: IF (l-e)*v > 0 THEN GOTO Marke2;
        s;
        l := l+i;
        GOTO Marke1;
Marke2: ...
```

Bei beiden Lösungen haben wir eine neue Form der IF-Anweisung benutzt. Die allgemeine Form lautet

$$IF \; lA \; THEN \; s_1 \; ELSE \; s_2;$$

Wenn der logische Ausdruck lA den Wert TRUE besitzt, wird die Anweisung s_1 (eventuell: zusammengesetzte Anweisung) ausgeführt und die Anweisung s_2 übersprungen. Besitzt der logische Ausdruck lA dagegen den Wert FALSE, wird die Anweisung s_1 übersprungen und die Anweisung s_2 ausgeführt. In beiden Fällen wird das Programm nach Bearbeitung der Anweisungen s_1 oder s_2 mit der anschließenden Anweisung fortgesetzt. Wichtig ist, daß die Anweisung s_1 nicht mit einem Semikolon (;) abgeschlossen wird, da sonst das Programm mit einer Fehlermeldung abgebrochen wird. (Falls s_1 eine zusammengesetzte Anweisung ist, dürfen und müssen natürlich nach den einzelnen Anweisungen Semikolon angegeben werden, nicht jedoch nach dem END, das unmittelbar vor dem Schlüsselwort ELSE steht).

Wenn es sich darum handelt, einer Variablen in Abhängigkeit von einem logischen Ausdruck verschiedene Werte zuzuweisen, kann man die Form der bedingten Wertzuweisung wählen:

$$v := IF \; lA \; THEN \; a_1 \; ELSE \; a_2;$$

Besitzt der logische Ausdruck lA den Wert TRUE, wird der Variablen v der Wert des arithmetischen Ausdrucks a_1 zugewiesen und sonst der Wert des arithmetischen Ausdrucks a_2. Wir hätten damit oben unter a) und b) kürzer schreiben können

$$v := IF \; i < 0 \; THEN \; -1 \; ELSE \; 1;$$

Zu Aufgabe 3.2 (Seite 26)

```
0001    00         BEGIN  $  ***   AUFGABE 3.2   ***   $
0002    00             REAL X,Y;
0003    01             REAL ARRAY A(0:10);
0004    01             INTEGER J,N;
0005    01             N := 2;
0006    01             A(0) := -1; A(1) := 0.25; A(2) := 0.3;
0007    01             X := -3;
0008    01         BER:
0009    01             Y := 0;
0010    01             FOR J := N STEP -1 UNTIL 0 DO
0011    01                 Y := Y*X+A(J);
0012    01             OUTFIX(X,6,20); OUTFIX(Y,6,20); OUTIMAGE;
0013    01             X := X+0.2;
0014    01             IF X <= 2.45 THEN GOTO BER;
0015    01         END#
```

```
-3.000000              0.949999
-2.799999              0.651998
-2.599998              0.377997
-2.399998              0.127996
-2.199997             -0.098004
-1.999996             -0.300004
-1.799995             -0.478004
-1.599995             -0.632004
-1.399994             -0.762004
-1.199993             -0.868003
-0.999993             -0.950002
-0.799993             -1.008001
-0.599993             -1.042000
-0.399993             -1.051999
-0.199993             -1.037998
 0.000007             -0.999998
 0.200007             -0.937998
 0.400007             -0.851997
 0.600007             -0.741996
 0.800007             -0.607995
 1.000007             -0.449994
 1.200006             -0.267994
 1.400006             -0.061993
 1.600006              0.168007
 1.800006              0.422008
 2.000006              0.700007
 2.200006              1.002007
 2.400005              1.328009
EXECUTION TERMINEE
```

<u>Zu Aufgabe 4.1 (Seite 34)</u>

```
0001   00          BEGIN  $  ***   AUFGABE 4.1   ***   $
0002   00              INTEGER J,N;
0003   01              REAL X,Y,XMAX,DX;
0004   01              REAL ARRAY A(0:10);
0005   01              INIMAGE; OUTTEXT(SYSIN.IMAGE); OUTIMAGE;
0006   01              N := ININT;
0007   01              FOR J := 0 STEP 1 UNTIL N DO
0008   01                  A(J) := INREAL;
0009   01              INIMAGE; OUTTEXT(SYSIN.IMAGE); OUTIMAGE;
0010   01              X := INREAL; XMAX := INREAL; DX := INREAL;
0011   01              WHILE X <= XMAX DO
0012   01              BEGIN
0013   01                  Y := 0;
0014   02                  FOR J := N STEP -1 UNTIL 0 DO
0015   02                      Y := Y*X+A(J);
0016   02                  OUTFIX(X,6,20); OUTFIX(Y,6,20); OUTIMAGE;
0017   02                  X := X+DX;
0018   02              END;
0019   01          END#
```

```
4 0 .9974442 -.4712839 .2256685 -.0587527
0 1 0.05
                0.000000              0.000000
                0.050000              0.048722
                0.100000              0.095251
                0.150000              0.139745
                0.200000              0.182349
                0.250000              0.223202
                0.300000              0.262435
                0.350000              0.300167
                0.400000              0.336511
                0.450000              0.371569
                0.500000              0.405437
                0.550000              0.438200
                0.599999              0.469934
                0.649999              0.500707
                0.699999              0.530579
                0.749999              0.559600
                0.799999              0.587810
                0.849999              0.615244
                0.899999              0.641924
                0.949999              0.667866
                0.999999              0.693076
EXECUTION TERMINEE
```

Die Koeffizienten für das Approximationspolynom von
$f(x) = \ln(1+x)$ im Intervall $(0,1)$ wurden dem Buch:

C.Hastings: Approximations for Digital Computers,
Princeton University Press, New Jersey, 1955

entnommen.

Die eingegebenen Datenkarten werden nicht automatisch mit
ausgedruckt. Dies hat man nach der Anweisung INIMAGE; durch
die beiden Befehle

```
    OUTTEXT(SYSIN.IMAGE);
    OUTIMAGE;
```

zu veranlassen.

Zu Beispiel 4.2 (Seite 36)

```
0001   00    BEGIN  $  ***  BEISPIEL 4.2  ***  $
0002   00       REAL X,Y,SX,SY,SXY,SXX,A,B;
0003   01       INTEGER N;
0004   01    EIN:
0005   01       INIMAGE; IF ENDFILE THEN GOTO AUSW;
0006   01       OUTTEXT(SYSIN.IMAGE); OUTIMAGE;
0007   01       X := INREAL; Y := INREAL; N := N+1;
0008   01       SX := SX+X; SY := SY+Y;
0009   01       SXY := SXY+X*Y;
0010   01       SXX := SXX+X**2;
0011   01       GOTO EIN;
0012   01    AUSW:
0013   01       SX := SX/N; SY := SY/N;
0014   01       A := (SXY-N*SX*SY)/(SXX-N*SX**2);
0015   01       B := (SY*SXX-SX*SXY)/(SXX-N*SX**2);
0016   01       OUTFIX(A,6,20); OUTFIX(B,6,20); OUTIMAGE;
0017   01    END#
```

174	65
178	85
180	80
159	60
166	70
190	100
168	70
154	45
158	67
182	87

eingegebene Datenkarten

```
        1.212360          -134.300705
EXECUTION TERMINEE
```

<u>Zu Aufgabe 4.2 (Seite 4o)</u>

```
0001   00      BEGIN $ ***  AUFGABE 4.2  ***  $
0002   00          REAL X,Y,SX,SY,SXY,SXX,SYY,A,B,C,D,R;
0003   01          INTEGER N;
0004   01      EIN:
0005   01          INIMAGE; IF ENDFILE THEN GOTO AUSW;
0006   01          OUTTEXT(SYSIN.IMAGE); OUTIMAGE;
0007   01          X := INREAL; Y := INREAL; N := N+1;
0008   01          SX := SX+X; SY := SY+Y;
0009   01          SXY := SXY+X*Y;
0010   01          SXX := SXX+X**2; SYY := SYY+Y**2;
0011   01          GOTO EIN;
0012   01      AUSW:
0013   01          SX := SX/N; SY := SY/N;
0014   01          A := (SXY-N*SX*SY)/(SXX-N*SX**2);
0015   01          B := (SY*SXX-SX*SXY)/(SXX-N*SX**2);
0016   01          OUTFIX(A,6,20); OUTFIX(B,6,20); OUTIMAGE;
0017   01          C := (SXY-N*SX*SY)/(SYY-N*SY**2);
0018   01          D := (SX*SYY-SY*SXY)/(SYY-N*SY**2);
0019   01          OUTFIX(C,6,20); OUTFIX(D,6,20); OUTIMAGE;
0020   01          R := (SXY-N*SX*SY)/((SXX-N*SX**2)*(SYY-N*SY**2))**0.5;
0021   01          OUTFIX(R,6,20); OUTIMAGE;
0022   01      END#
```

174	65
178	85
180	80
159	60
166	70
190	100
168	70
154	45
158	67
182	87

eingegebene Datenkarten

1.212360	-134.300705
0.696200	120.145493
0.918719	

EXECUTION TERMINEE

<u>Zu Aufgabe 4.3 (Seite 47)</u>

```
0001      00          BEGIN $  ***  AUFGABE 4.3  ***  $
0002      00             REAL H,ZAHL,QUADR;
0003      01             INTEGER K;
0004      01             ZAHL := 1.00;
0005      01             LINESPERPAGE(56);
0006      01          SEITE:
0007      01             PAGE;
0008      01             OUTTEXT('QUADRATE AB'); OUTFIX(ZAHL,2,5); OUTIMAGE;
0009      01             EJECT(4);
0010      01             SYSOUT.SETPOS(6);
0011      01             FOR H := 0 STEP 0.01 UNTIL 0.09 DO
0012      01                OUTFIX(H,2,6);
0013      01             OUTIMAGE;
0014      01             EJECT(6);
0015      01             WHILE ZAHL <= 9.95 DO
0016      01             BEGIN
0017      01                OUTFIX(ZAHL,1,5);
0018      02                FOR H := 0 STEP 0.01 UNTIL 0.09 DO
0019      02                BEGIN
0020      02                   QUADR := (ZAHL+H)**2;
0021      03                   K := IF QUADR < 10 THEN 3 ELSE 2;
0022      03                   OUTFIX(QUADR,K,6);
0023      03                END;
0024      02                OUTIMAGE;
0025      02                ZAHL := ZAHL+0.1;
0026      02                IF LINE = 56 THEN GOTO SEITE;
0027      02             END;
0028      01          END#
```

```
QUADRATE AB 1.00


      0.00  0.01  0.02  0.03  0.04  0.05  0.06  0.07  0.08  0.09

1.0 1.000 1.020 1.040 1.061 1.082 1.102 1.124 1.145 1.166 1.188
1.1 1.210 1.232 1.254 1.277 1.300 1.322 1.346 1.369 1.392 1.416
1.2 1.440 1.464 1.488 1.513 1.538 1.562 1.588 1.613 1.638 1.664
1.3 1.690 1.716 1.742 1.769 1.796 1.822 1.850 1.877 1.904 1.932
1.4 1.960 1.988 2.016 2.045 2.074 2.102 2.132 2.161 2.190 2.220
1.5 2.250 2.280 2.310 2.341 2.372 2.402 2.434 2.465 2.496 2.528
1.6 2.560 2.592 2.624 2.657 2.690 2.722 2.756 2.789 2.822 2.856
1.7 2.890 2.924 2.958 2.993 3.028 3.062 3.098 3.133 3.168 3.204
1.8 3.240 3.276 3.312 3.349 3.386 3.422 3.460 3.497 3.534 3.572
1.9 3.610 3.648 3.686 3.725 3.764 3.802 3.842 3.881 3.920 3.960
2.0 4.000 4.040 4.080 4.121 4.162 4.202 4.244 4.285 4.326 4.368
2.1 4.410 4.452 4.494 4.537 4.580 4.622 4.666 4.709 4.752 4.796
2.2 4.840 4.884 4.928 4.973 5.018 5.062 5.108 5.153 5.198 5.244
2.3 5.290 5.336 5.382 5.429 5.476 5.522 5.570 5.617 5.664 5.712
2.4 5.760 5.808 5.856 5.905 5.954 6.002 6.052 6.101 6.150 6.200
2.5 6.250 6.300 6.350 6.401 6.452 6.502 6.554 6.605 6.656 6.708
2.6 6.760 6.812 6.864 6.917 6.970 7.022 7.076 7.129 7.182 7.236
2.7 7.290 7.344 7.398 7.453 7.508 7.562 7.618 7.673 7 7
2.8 7.840 7.896 7.952 8.009 8.066 8.122 8.18
2.9 8.410 8.468 8.526 8.585 8.644
3.0 9.000 9.060 9.120
3.1 9.610
3 2
```

<u>Aufgabe 5.1 (Seite 53)</u>

Nach der Anweisung

    H :- BLANKS(2o);

verweist H auf eine Textinstanz, in der bis zu 2o aufeinanderfolgende Zeichen gespeichert werden können.

  a) Nach der Textwertzuweisung

    H := 'SIMULA';

    werden die ersten 6 Plätze mit der Zeichenfolge SIMULA
    belegt.

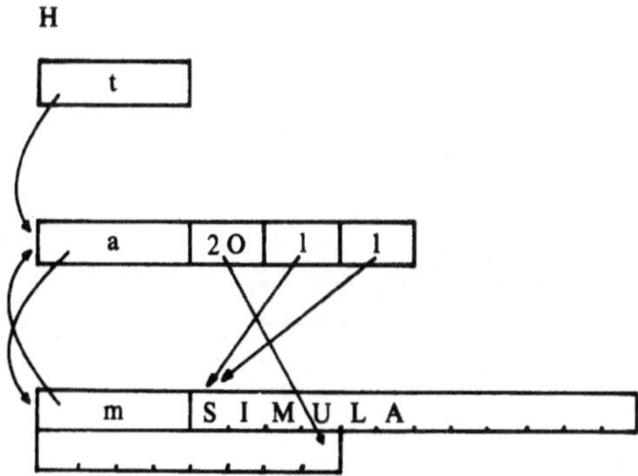

  b) Mit der Anweisung

    H :- NEWTEXT('SIMULA');

    wird der alte Bezug von H aufgehoben und ein neuer auf
    eine neue Textinstanz geschaffen.

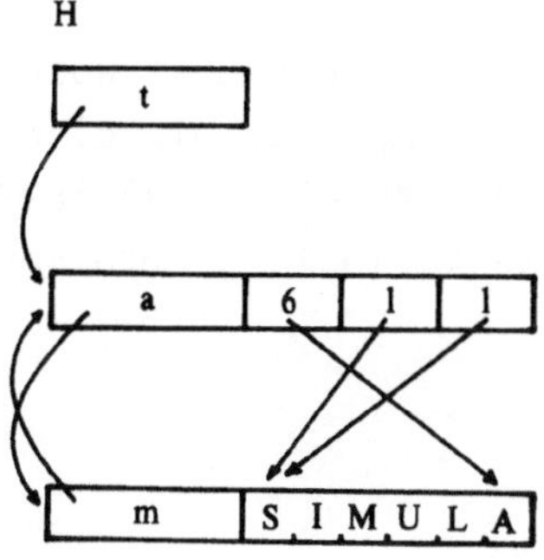

c) H := NEWTEXT('SIM');

Auf der rechten Seite der Zuweisung wird eine neue
Textinstanz geschaffen. Da es sich aber um eine Textwertzuweisung handelt, bleibt der unter b) geschaffene
Bezug bestehen, wobei nun die Zeichenfolge SIM gespeichert wird:

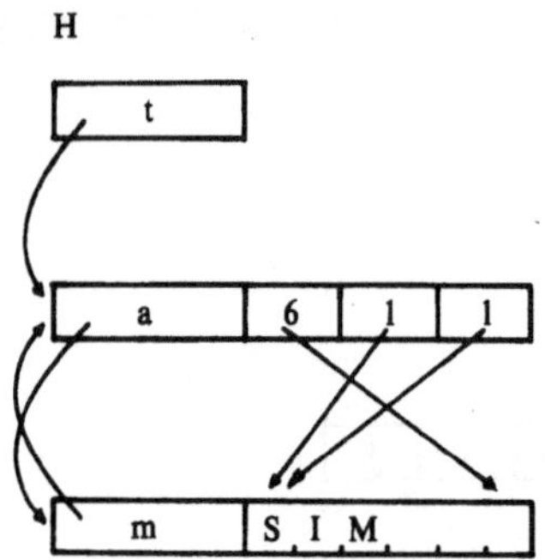

d) H :- 'SIMULA';

Durch diese Anweisung wird der Verweis auf eine Textkonstante hergestellt. (Dies darf man nicht damit ver-
wechseln, daß die Variable H einen konstanten Wert an-
nimmt). Eine nachfolgende Textwertzuweisung an die
Variable H würde der Versuch sein, die Textkonstante,
auf die H verweist, zu verändern. Das Programm würde
mit einer Fehlermeldung abgebrochen werden.

Mit dem letzten ist schon begründet worden, daß man
die Reihenfolge der Anweisungen a) bis d) nicht beliebig
vertauschen darf; nach der Anweisung d) darf keine
Textwertzuweisung an die Variable H erfolgen.

Zu Beispiel 5.1 (Seite 60)

```
0001    00        BEGIN  $  ***  BEISPIEL 5.1   ***   $
0002    00            CHARACTER Z;
0003    01            INTEGER ARRAY ANZ(1:25);
0004    01            INTEGER W,L;
0005    01        LESEN:
0006    01            INIMAGE; IF ENDFILE THEN GOTO AUSG;
0007    01            Z := INCHAR;
0008    01            WHILE SYSIN.MORE DO
0009    01            BEGIN
0010    01                IF LETTER(Z) THEN L := L+1
0011    02                    ELSE
0012    02                    BEGIN
0013    02                        IF L > 25 THEN L := 25;
0014    03                        IF L > 0 THEN
0015    03                                BEGIN
0016    03                                    ANZ(L) := ANZ(L)+1;
0017    04                                    W := W+1;
0018    04                                    L := 0;
0019    04                                END;
0020    03                    END;
0021    02                Z := INCHAR;
0022    02            END;
0023    01            GOTO LESEN;
0024    01        AUSG:
0025    01            OUTTEXT('ANZAHL DER WOERTER ='); OUTINT(W,4); OUTIMAGE;
0026    01            IF W = 0 THEN GOTO SCHLUSS;
0027    01            FOR L := 1 STEP 1 UNTIL 25 DO
0028    01            BEGIN
0029    01                OUTTEXT('LAENGE ='); OUTINT(L,3); OUTINT(ANZ(L),4);
0030    02                OUTIMAGE;
0031    02            END;
0032    01        SCHLUSS:
0033    01            NULL;
0034    01        END#
```

Eingabe des zu analysierenden Textes

```
ANZAHL DER WOERTER =   94
LAENGE =   1    0
LAENGE =   2    5
LAENGE =   3   27
LAENGE =   4   10
LAENGE =   5   11
LAENGE =   6    4
LAENGE =   7    5
LAENGE =   8    6
LAENGE =   9    5
LAENGE =  10    5
LAENGE =  11    5
LAENGE =  12    4
LAENGE =  13    3
LAENGE =  14    1
LAENGE =  15    1
LAENGE =  16    1
LAENGE =  17    
```

Programmausgabe

Das obige Programm ist etwas anders als das auf Seite 6o angegebene Beispiel. Zum einen haben wir die im Zusammenhang mit der Aufgabe 3.1 (vgl. S.159) angegebene allgemeine IF-Anweisung

  IF 1A THEN s_1 ELSE s_2;

benutzt. Zum anderen haben wir für den Fall, daß keine Datenkarten vorliegen (womit dann W = 0 ist), einen Sprung an das
Ende des Programms vorgesehen. Hierbei ist die Anweisung

  NULL;

erforderlich. Sie stellt eine Leeranweisung dar, die in der Regel
zum Setzen einer Marke benutzt wird. Man kann nämlich nicht unmittelbar zu dem Schlüsselwort END springen, da END keine
"ausführbare" Anweisung darstellt und nur vor solchen Marken angegeben werden können. Man hilft sich dadurch, daß man vor dem
Schlüsselwort END die Leeranweisung NULL; angibt und davor dann
die Marke setzt.

Da wir in unserem Beispiel zum Schluß des Programms ver-
zweigen, hätten wir statt des Sprungs an das Programmende auch
angeben können

  IF W = 0 THEN STOP;

denn durch die Anweisung STOP; wird die Ausführung des
Programms beendet.

<u>Zu Aufgabe 5.2 (Seite 64)</u>

Die Änderungen gegenüber Beispiel 5.1 kann man dem folgenden
Programmausschnitt entnehmen:

```
        BEGIN  $  ***  AUFGABE 5.2  ***  $
           CHARACTER Z;
───────►   TEXT T;
           INTEGER ARRAY ANZ(1:25);
           INTEGER W,L;
───────►   T :- BLANKS(80);
        LESEN:
           INIMAGE; IF ENDFILE THEN GOTO AUSG;
───────►   T := INTEXT(80);
───────►   T.SETPOS(1);
───────►   Z := T.GETCHAR;
───────►   WHILE T.MORE DO
           BEGIN
              IF LETTER(Z) THEN L := L+1
                            ELSE
              ...
───────►      Z := T.GETCHAR;
           END;
           GOTO LESEN;
        AUSG:
           ...
```

<u>Zu Aufgabe 5.3 (Seite 64)</u>

```
0001    00          BEGIN $ ***  AUFGABE 5.3  ***  $
0002    00             TEXT KA;
0003    01             INTEGER N,K,KMAX,P,PMAX;
0004    01             CHARACTER ARRAY ZAR(1:20);
0005    01             CHARACTER Z;
0006    01             INIMAGE;
0007    01             KMAX := 0;
0008    01          SP:
0009    01             Z := INCHAR;
0010    01             IF Z /= "*" THEN
0011    01             BEGIN
0012    01                KMAX := KMAX+1;
0013    02                ZAR(KMAX) := Z;
0014    02                IF KMAX < 20 THEN GOTO SP;
0015    02          $ ES WERDEN NUR DIE ERSTEN 20 ZEICHEN BERUECKSICHTIGT $
0016    02             END;
0017    01          LESEN:
0018    01             INIMAGE; IF ENDFILE THEN GOTO AUSG;
0019    01             KA :- SYSIN.IMAGE.STRIP;
0020    01             PMAX := KA.LENGTH-KMAX;
0021    01             P := 0;
0022    01          TEST:
0023    01             IF P > PMAX THEN GOTO LESEN;
0024    01             P := P+1;
0025    01             KA.SETPOS(P);
0026    01             FOR K := 1 STEP 1 UNTIL KMAX DO
0027    01                IF KA.GETCHAR /= ZAR(K) THEN GOTO TEST;
0028    01             N := N+1;
0029    01             P := KA.POS;
0030    01             GOTO TEST;
0031    01          AUSG:
0032    01             FOR K := 1 STEP 1 UNTIL KMAX DO
0033    01                OUTCHAR(ZAR(K));
0034    01          OUTINT(N,5); OUTIMAGE;
0035    01          END#
```

```
 DAT*
 DARF DAT DAT?          ⎫
 DAT DARF DAT.          ⎬   eingegebene Datenkarten
 DAT DAT DAT DARF.      ⎭

    DAT    7  ◄─────────   Ergebnis
 EXECUTION TERMINEE
```

Bei vielen Anwendungen wird es sich nicht vermeiden lassen,
daß in einem Textbereich nach dem eigentlichen Text nur noch
Leerzeichen auftreten. Bei unserer Aufgabe ist es z.B. der Fall,
wenn die Datenkarten nicht voll ausgenutzt worden sind. Mit Hilfe
des Schlüsselwortes STRIP kann man sich der nachgezogenen Leerzeichen entledigen. Hierzu stellt man durch eine Anweisung der Form

$$t_2 :- t_1.\text{STRIP};$$

für die Textvariable t_2 einen Bezug auf den Teil des Textbereichs von t_1 her, der von den nachfolgenden Leerzeichen
befreit ist. (Innerhalb und am Anfang von t_2 dürfen also
Leerzeichen auftreten, aber nicht am Schluß). In unserem
Programm geschieht dies bei dem Eingabepuffer SYSIN.IMAGE für
die Textvariable KA durch die Anweisung

```
        KA :- SYSIN.IMAGE.STRIP;
```

Zu Aufgabe 5.4 (Seite 69)

```
0001    00       BEGIN  $  ***   AUFGABE 5.4   ***  $
0002    00          INTEGER NMIN,NMAX,N,K,P;
0003    01          TEXT SIG,GR,AN,H,UGR,OGR,REST;
0004    01          CHARACTER Z,X;
0005    01          SIG :- BLANKS(25);
0006    01          H :- BLANKS(5);
0007    01          GR :- SYSIN.IMAGE.SUB(4,25);
0008    01          UGR :- SYSIN.IMAGE.SUB(6,5);
0009    01          OGR :- SYSIN.IMAGE.SUB(11,5);
0010    01          AN  :- SYSIN.IMAGE.SUB(8,25);
0011    01       EIN:
0012    01          INIMAGE; IF ENDFILE THEN STOP;
0013    01          Z := INCHAR;
0014    01          IF Z = "1" THEN
0015    01          BEGIN
0016    01             SIG := ' ';
0017    02             SIG.SETPOS(1);
0018    02             SIG.PUTTEXT(GR.STRIP);
0019    02             P := SIG.POS;
0020    02             REST :- SIG.SUB(P,25-P);
0021    02             GOTO EIN;
0022    02          END;
0023    01          IF Z = "2" THEN
0024    01          BEGIN
0025    01             REST.SETPOS(1);
0026    02             REST.PUTTEXT(AN.STRIP);
0027    02             OUTTEXT(SIG); OUTIMAGE; REST := ' ';
0028    02             GOTO EIN;
0029    02          END;
0030    01          IF Z = "3" THEN
0031    01          BEGIN
0032    01             UGR.SETPOS(1);
0033    02             NMIN := UGR.GETINT;
0034    02             OGR.SETPOS(1);
0035    02             NMAX := OGR.GETINT;
0036    02             FOR N := NMIN STEP 1 UNTIL NMAX DO
0037    02             BEGIN
0038    02                H.SETPOS(1);
0039    03                H.PUTINT(N);
0040    03                H.SETPOS(1);
0041    03                REST.SETPOS(1);
```

```
0042    03                      FOR K := 1 STEP 1 UNTIL 5 DO
0043    03                      BEGIN
0044    03                         X := H.GETCHAR;
0045    04                         IF X /= " " THEN REST.PUTCHAR(X);
0046    04                      END;
0047    03                      OUTTEXT(SIG); OUTIMAGE; REST := ' ';
0048    03                  END;
0049    02                GOTO EIN;
0050    02              END;
0051    01            GOTO EIN;
0052    01          END#
```

```
1    A POL 496 WEI/            ⎫
2         8678,1.2             ⎬  Dateneingabe
3           18    23           ⎪
2         6A.1                 ⎭
```

```
A POL 496 WEI/8678,1.2   ⎫
A POL 496 WEI/18         ⎪
A POL 496 WEI/19         ⎪
A POL 496 WEI/20         ⎪
A POL 496 WEI/21         ⎬  Ergebnisse
A POL 496 WEI/22         ⎪
A POL 496 WEI/23         ⎪
A POL 496 WEI/6A.1       ⎭
EXECUTION TERMINEE
```

Zu Aufgabe 5.5 (Seite 71)

Der Sortieralgorithmus läuft folgendermaßen ab:

Nachdem ein neues Stichwort NEU eingelesen worden ist, wird
es mit allen bisher eingelesenen Stichwörtern verglichen
(aufsteigend geordnet in dem Vektor STW, Komponenten 1 bis NMAX).
Sobald ein Stichwort "größer" ist als das neue Stichwort, werden
nach der Marke EINFUEGEN alle größeren Stichwörter verschoben,
so daß bei der Komponente STW(ZEIG) das neue Stichwort eingefügt
werden kann.

Da die Seitenzahl Bestandteil des Sortierbegriffs ist, werden bei
gleichen Stichwörtern diese nach aufsteigender Seitenzahl sortiert.

```
0001    00         BEGIN  $  ***   AUFGABE 5.5   ***   $
0002    00            TEXT NEU,EIN;
0003    01            TEXT ARRAY STW(1:100);
0004    01            INTEGER NMAX,ZEIG,J;
0005    01            EIN :- SYSIN.IMAGE.SUB(1,35);
0006    01            INIMAGE;
0007    01            NEU :- NEWTEXT(EIN);
0008    01            NMAX := 1; STW(1) :- NEU;
0009    01         EINGABE:
0010    01            INIMAGE; IF ENDFILE THEN GOTO AUSGABE;
0011    01            NEU :- NEWTEXT(EIN);
0012    01            FOR ZEIG := 1 STEP 1 UNTIL NMAX DO
0013    01               IF NEU < STW(ZEIG) THEN GOTO EINFUEGEN;
0014    01            ZEIG := NMAX+1;
0015    01         EINFUEGEN:
0016    01            NMAX := NMAX+1;
0017    01            FOR J := NMAX STEP -1 UNTIL ZEIG+1 DO
0018    01               STW(J) :- STW(J-1);
0019    01            STW(ZEIG) :- NEU;
0020    01            IF NMAX < 100 THEN GOTO EINGABE;
0021    01         AUSGABE:
0022    01            PAGE;
0023    01            FOR J := 1 STEP 1 UNTIL NMAX DO
0024    01            BEGIN
0025    01               OUTTEXT (STW(J));
0026    02               OUTIMAGE;
0027    02            END;
0028    01         END#
```

```
BIT                              67   ⎫
STRIP                            47   ⎪
NULL                             60   ⎪
STRIP                            23   ⎬   Eingabedaten
BIT                              83   ⎪
NULL                           149FF  ⎪
BIT                             5FF   ⎪
STRIP                            68   ⎭


BIT                             5FF   ⎫
BIT                              67   ⎪
BIT                              83   ⎪
NULL                             60   ⎪
NULL                           149FF  ⎬   Ergebnisse
STRIP                            23   ⎪
STRIP                            47   ⎪
STRIP                            68   ⎭
EXECUTION TERMINEE
```

<u>Zu Beispiel 6.1 (Seite 76)</u>

```
0001    00          BEGIN $   ***   BEISPIEL 6.1  ***   $
0002    00            INTEGER N;
0003    01            INIMAGE;
0004    01            N := ININT;
0005    01            BEGIN
0006    01              REAL ARRAY A(0:N);
0007    02              REAL X,Y,XMIN,XMAX,DX;
0008    02              INTEGER J;
0009    02              INIMAGE;
0010    02              FOR J := 0 STEP 1 UNTIL N DO
0011    02                A(J) := INREAL;
0012    02              INIMAGE;
0013    02              XMIN := INREAL; XMAX := INREAL; DX := INREAL;
0014    02              X := XMIN;
0015    02              WHILE X < XMAX+DX/2 DO
0016    02              BEGIN
0017    02                Y := 0;
0018    03                FOR J := N STEP -1 UNTIL 0 DO
0019    03                  Y := Y*X+A(J);
0020    03                OUTFIX(X,2,6); OUTFIX(Y,4,10); OUTIMAGE;
0021    03                X := X+DX;
0022    03              END;
0023    02            END;
0024    01          END#
```

```
 2
  0   2  -1      }  eingegebene
 -1.  1.  0.1    }  Daten
```

```
 -1.00    -3.0000  ⎫
 -0.90    -2.6100  ⎪
 -0.80    -2.2400  ⎪
 -0.70    -1.8900  ⎪
 -0.60    -1.5600  ⎪
 -0.50    -1.2500  ⎪
 -0.40    -0.9600  ⎪
 -0.30    -0.6900  ⎪
 -0.20    -0.4400  ⎪
 -0.10    -0.2100  ⎪
 -0.00    -0.0000  ⎬  Ergebnisse
  0.10     0.1900  ⎪
  0.20     0.3600  ⎪
  0.30     0.5100  ⎪
  0.40     0.6400  ⎪
  0.50     0.7500  ⎪
  0.60     0.8400  ⎪
  0.70     0.9100  ⎪
  0.80     0.9600  ⎪
  0.90     0.9900  ⎪
  1.00     1.0000  ⎭
 EXECUTION TERMINEE
```

Es wird das Polynom
$$y = -x^2+2x$$
im Intervall $(-1,1)$ mit der Schrittweite $0,1$ berechnet.

<u>Zu Aufgabe 6.1 (Seite 77)</u>

```
    BEGIN  $  ***  AUFGABE 6.1  ***  $
        INTEGER NGES;
        INIMAGE;
        NGES := ININT;
        BEGIN
            TEXT NEU,EIN;
            TEXT ARRAY STW(1:NGES);
            INTEGER NMAX,ZEIG,J;
            EIN :- SYSIN.IMAGE.SUB(1,35);
            INIMAGE;
            NEU :- NEWTEXT(EIN);
            NMAX := 1; STW(1) :- NEU;
    EINGABE:
            INIMAGE; IF ENDFILE THEN GOTO AUSGABE;
            NEU :- NEWTEXT(EIN);
            FOR ZEIG := 1 STEP 1 UNTIL NMAX DO
                IF NEU < STW(ZEIG) THEN GOTO EINFUEGEN;
            ZEIG := NMAX+1;
    EINFUEGEN:
            NMAX := NMAX+1;
            FOR J := NMAX STEP -1 UNTIL ZEIG+1 DO
                STW(J) :- STW(J-1);
            STW(ZEIG) :- NEU;
            IF NMAX < NGES THEN GOTO EINGABE;
    AUSGABE:
            FOR J := 1 STEP 1 UNTIL NMAX DO
            BEGIN
                OUTTEXT(STW(J));
                OUTIMAGE;
            END;
        END;
    END#
```

innerer Block

$$\text{Das Programm liefert dieselben Ergebnisse wie}$$
$$\text{Aufgabe 5.5 (vgl. Seite 172)}$$

Das Programm liefert dieselben Ergebnisse wie
Aufgabe 5.5 (vgl. Seite 172)

<u>Zu Beispiel 6.2 (Seite 80)</u>

Neben der in der Prozedur benutzten bedingten Wertzuweisung
sind auch bedingte Textreferenzzuweisungen möglich. Sie haben
die allgemeine Form

$$t :- \text{IF 1A THEN } t_1 \text{ ELSE } t_2;$$

Die hier und in Aufgabe 3.1 (vgl. Seite 159) aufgeführten bedingten Zuweisungen sind spezielle Fälle von allgemeinen bedingten Ausdrücken. So ist es erlaubt, an den Stellen, an denen
eine Variable angegeben werden darf, die rechte Seite einer bedingten Zuweisung in Klammern aufzuführen.
So sind z.B. die folgenden Anweisungen erlaubt:

```
        Y := 1+(IF  X < 0 THEN X**2 ELSE 0);
oder        (IF C = "1" THEN A ELSE B).PUTFIX(Z);
```

Im ersten Fall wird die Funktion

$$y = \begin{cases} 1 + x^2 & \text{für } x < 0 \\ 1 & \text{sonst} \end{cases}$$

bestimmt; im zweiten Fall wird der Wert von Z in die Textvariable A übertragen, falls in der CHARACTER-Variablen C
die Ziffer 1 gespeichert ist, und sonst in die Textvariable B.

Zu Beispiel 6.3 (Seite 81)

```
0001    00      BEGIN  $  ***   BEISPIEL 6.3   ***   $
0002    00        REAL ARRAY B(0:2);
0003    01        REAL X1,Y1;

0004    01        REAL PROCEDURE Y(N,A,X);
0005    01          INTEGER N;
0006    01          REAL X;
0007    01          REAL ARRAY A;
0008    01          BEGIN
0009    01            INTEGER K;
0010    02            REAL S;
0011    02            S := 0;
0012    02            FOR K := N STEP -1 UNTIL 0 DO
0013    02              S := S*X+A(K);
0014    02            Y := S;
0015    02          END;

0016    01        B(0) := 0.3; B(1) := 0.5; B(2) := -1;
0017    01        FOR X1 := -1 STEP 0.2 UNTIL 1 DO
0018    01        BEGIN
0019    01          Y1 := Y(2,B,X1);
0020    02          OUTFIX(X1,2,8); OUTFIX(Y1,4,10);
0021    02          OUTIMAGE;
0022    02        END;
0023    01      END#

    -1.00    -1.2000
    -0.80    -0.7400
    -0.60    -0.3600
    -0.40    -0.0600
    -0.20     0.1600
    -0.00     0.3000
     0.20     0.3600
     0.40     0.3400
     0.60     0.2400
     0.80     0.0600
     1.00    -0.2000
EXECUTION TERMINEE
```

Zu Beispiel 6.4 (Seite 83)

```
0001    00          BEGIN  $  ***  BEISPIEL 6.4  ***  $
0002    00             REAL ARRAY T(0:5),WERTE(0:60);
0003    01             REAL X,DX,XMIN,XMAX;
0004    01             INTEGER K;

0005    01             REAL PROCEDURE Y(N,A,X);
0006    01               INTEGER N;
0007    01               REAL X;
0008    01               REAL ARRAY A;
0009    01               BEGIN
0010    01                 INTEGER K;
0011    02                 REAL S;
0012    02                 S := 0;
0013    02                 FOR K := N STEP -1 UNTIL 0 DO
0014    02                     S := S*X+A(K);
0015    02                 Y := S;
0016    02               END;

0017    01             PROCEDURE GRAPH(XM,D,N,W);
0018    01               REAL XM,D;
0019    01               INTEGER N;
0020    01               REAL ARRAY W;
0021    01               BEGIN
0022    01                 INTEGER J;
0023    02                 REAL WMIN,WMAX,XX;
0024    02                 PAGE; LINESPERPAGE(56);
0025    02                 WMIN := WMAX := W(0);
0026    02                 FOR J := 1 STEP 1 UNTIL N DO
0027    02                 BEGIN
0028    02                     IF WMIN > W(J) THEN WMIN := W(J);
0029    03                     IF WMAX < W(J) THEN WMAX := W(J);
0030    03                 END;
0031    02                 IF WMIN = WMAX THEN
0032    02                 BEGIN
0033    02                     OUTTEXT('WERTEFOLGE KONSTANT');
0034    03                     OUTIMAGE;
0035    03                     GOTO SCHLUSS;
0035    03                     GOTO SCHLUSS;
0036    03                 END;
0037    02                 XX := XM;
0038    02                 FOR J := 0 STEP 1 UNTIL N DO
0039    02                 BEGIN
0040    02                     OUTFIX(XX,2,8); OUTFIX(W(J),3,9);
0041    03                     SYSOUT.SETPOS(20+100*(W(J)-WMIN)/(WMAX-WMIN))
0042    03                     OUTCHAR("*");
0043    03                     OUTIMAGE;
0044    03                     XX := XX+D;
0045    03                 END;
0046    02          SCHLUSS:
0047    02                 NULL;
0048    02               END;

0049    01             XMIN := -1; XMAX := 1; DX := 0.04;
0050    01             T(0) := 0; T(1) := 5; T(2) := 0;
0051    01             T(3) := -20; T(4) := 0; T(5) := 16;
0052    01             K := -1;
```

```
0053    01          FOR X := XMIN STEP DX UNTIL XMAX+DX/2 DO
0054    01          BEGIN
0055    01            K := K+1;
0056    02            WERTE(K) := Y(5,T,X);
0057    02          END;
0058    01          GRAPH(XMIN,DX,K,WERTE);
0059    01        END#
```

In der Anweisung

    WMIN := WMAX := W(O);

(Zeile 25,s.o.) wird eine sog. Mehrfachzuweisung benutzt. Die
Folge der Zuweisungen wird dabei von rechts nach links abgearbeitet, d.h. es wird nach der Zuweisung

    WMAX := W(O);

der Wert von WMAX an die Variable WMIN übergeben. (Die Reihenfolge ist bedeutsam bei Typ-Umwandlungen zwischen REAL- und
INTEGER-Variablen).

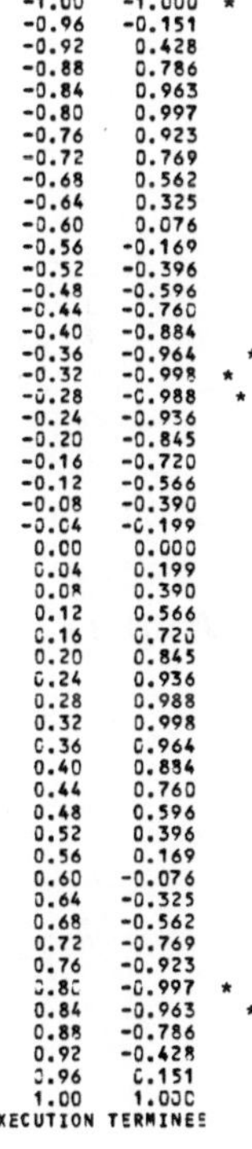

```
-1.00   -1.000   *
-0.96   -0.151
-0.92    0.428
-0.88    0.786
-0.84    0.963
-0.80    0.997
-0.76    0.923
-0.72    0.769
-0.68    0.562
-0.64    0.325
-0.60    0.076
-0.56   -0.169
-0.52   -0.396
-0.48   -0.596
-0.44   -0.760
-0.40   -0.884
-0.36   -0.964
-0.32   -0.998
-0.28   -0.988
-0.24   -0.936
-0.20   -0.845
-0.16   -0.720
-0.12   -0.566
-0.08   -0.390
-0.04   -0.199
 0.00    0.000
 0.04    0.199
 0.08    0.390
 0.12    0.566
 0.16    0.720
 0.20    0.845
 0.24    0.936
 0.28    0.988
 0.32    0.998
 0.36    0.964
 0.40    0.884
 0.44    0.760
 0.48    0.596
 0.52    0.396
 0.56    0.169
 0.60   -0.076
 0.64   -0.325
 0.68   -0.562
 0.72   -0.769
 0.76   -0.923
 0.80   -0.997
 0.84   -0.963
 0.88   -0.786
 0.92   -0.428
 0.96    0.151
 1.00    1.000
EXECUTION TERMINEE
```

<u>Zu Aufgabe 6.2 (Seite 85)</u>

```
0001    00          BEGIN  $  ***   AUFGABE 6.2   ***   $
0002    00             REAL ARRAY A,B(0:2),WERTE(0:60);
0003    01             REAL X,DX,XMIN,XMAX;
0004    01             INTEGER K;

0005    01             REAL PROCEDURE Y(N,A,X);
0006    01                INTEGER N;
0007    01                REAL X;
0008    01                REAL ARRAY A;
0009    01                BEGIN
0010    01                   INTEGER K;
0011    02                   REAL S;
0012    02                   S := 0;
0013    02                   FOR K := N STEP -1 UNTIL 0 DO
0014    02                      S := S*X+A(K);
0015    02                   Y := S;
0016    02                END;

0017    01             PROCEDURE GRAPH(XM,D,N,W);
0018    01                REAL XM,D;
0019    01                INTEGER N;
0020    01                REAL ARRAY W;
0021    01                BEGIN
0022    01                   INTEGER J;
0023    02                   REAL WMIN,WMAX,XX;
0024    02                   PAGE; LINESPERPAGE(56);
0025    02                   WMIN := WMAX := W(0);
0026    02                   FOR J := 1 STEP 1 UNTIL N DO
0027    02                   BEGIN
0028    02                      IF WMIN > W(J) THEN WMIN := W(J);
0029    03                      IF WMAX < W(J) THEN WMAX := W(J);
0030    03                   END;
0031    02                   IF WMIN = WMAX THEN
0032    02                   BEGIN
0033    02                      OUTTEXT('WERTEFOLGE KONSTANT');
0034    03                      OUTIMAGE;
0035    03                      GOTO SCHLUSS;
0036    03                   END;
0037    02                   XX := XM;
0038    02                   FOR J := 0 STEP 1 UNTIL N DO
0039    02                   BEGIN
0040    02                      OUTFIX(XX,2,8); OUTFIX(W(J),3,9);
0041    03                      SYSOUT.SETPOS(20+100*(W(J)-WMIN)/(WMAX-WMIN));
0042    03                      OUTCHAR("*");
0043    03                      OUTIMAGE;
0044    03                      XX := XX+D;
0045    03                   END;
0046    02           SCHLUSS:
0047    02                   NULL;
0048    02                END;

0049    01             K := -1;
0050    01             XMIN := -5; XMAX := 5; DX := 0.2;
0051    01             A(0) := 1; A(1) := -2; A(2) := 1;
0052    01             B(0) := 1; B(1) := 0;  B(2) := 1;
0053    01             FOR X := XMIN STEP DX UNTIL XMAX+DX/2 DO
0054    01             BEGIN
0055    01                K := K+1;
```

```
0056    02              WERTE(K) := Y(2,A,X)/Y(2,B,X);
0057    02          END;
0058    01          GRAPH(XMIN,DX,K,WERTE);
0059    01      END#
```

X	WERTE
-5.00	1.385
-4.80	1.399
-4.60	1.415
-4.40	1.432
-4.20	1.451
-4.00	1.471
-3.80	1.492
-3.60	1.516
-3.40	1.541
-3.20	1.569
-3.00	1.600
-2.80	1.633
-2.60	1.670
-2.40	1.710
-2.20	1.753
-2.00	1.800
-1.80	1.849
-1.60	1.899
-1.40	1.946
-1.20	1.984
-1.00	2.000
-0.80	1.976
-0.60	1.882
-0.40	1.690
-0.20	1.385
-0.00	1.000
0.20	0.615
0.40	0.310
0.60	0.118
0.80	0.024
1.00	0.000
1.20	0.016
1.40	0.054
1.60	0.101
1.80	0.151
2.00	0.200
2.20	0.247
2.40	0.290
2.60	0.330
2.80	0.367
3.00	0.430
3.20	0.431
3.40	0.459
3.60	0.484
3.80	0.508
4.00	0.529
4.20	0.549
4.40	0.568
4.60	0.585
4.80	0.601
5.00	0.615

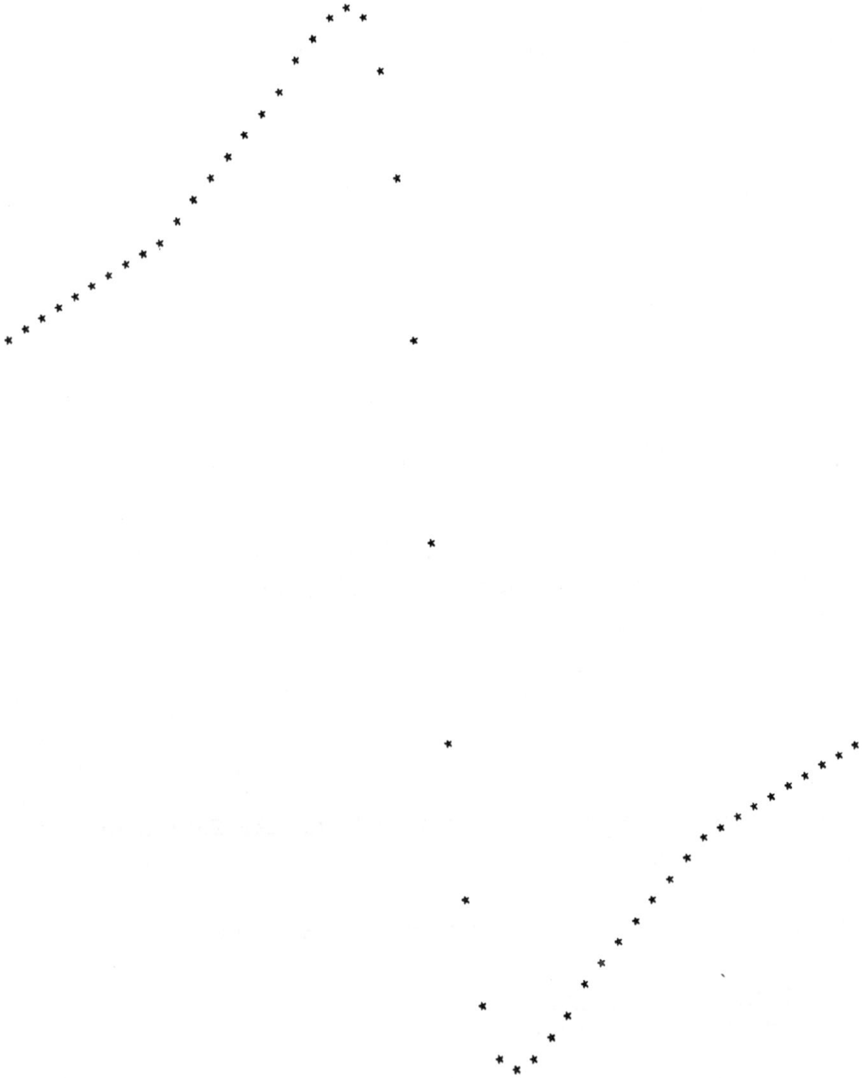

EXECUTION TERMINEE

<u>Zu Beispiel 6.5 (Seite 88) und Aufgabe 6.3 (Seite 90)</u>

Für den Fehler R gilt die Abschätzung:

$$|R| \leq \max |f''(x)| \; \frac{(b-a)^3}{12}$$

Durch Ausdifferenzieren des Integranden erhält man

$$f' = \frac{2(x^2-1)}{(x^2+1)^2}$$

und weiter

$$f'' = \frac{4x(-x^2+3)}{(x^2+1)^3}$$

In dem Intervall $[-2,2]$ kann man f'' betragsmäßig abschätzen durch

$$\max_x |f''(x)| \leq \max_x |4x(-x^2+3)| \leq 8$$

Da das Intervall $[-2,2]$ in 2o Teilintervalle unterteilt wurde, auf die jeweils die Trapezregel anzuwenden war, ergibt sich für den Integrationsfehler R die Abschätzung

$$|R| \leq \frac{8 \cdot 1}{12} \cdot \left[\frac{2-(-2)}{2o} \right]^3$$

$$< 6 \cdot 10^{-3}$$

Zu diesem Fehler kommen Rundungsfehler auf Grund der Zahlendarstellung in der Rechenanlage.

Das angegebene Integral kann man geschlossen lösen, da

$$\frac{x^2-2x+1}{x^2+1} = 1 - \frac{2x}{x^2+1}$$

ist. Es gilt also

$$\int_{-2}^{2} \frac{x^2-2x+1}{x^2+1}\, dx \;=\; x\Big|_{-2}^{2} \;-\; \log(x^2+1)\Big|_{-2}^{2} \;=\; 4$$

Die Differenz zwischen diesem Wert und dem auf Grund des Programms ermittelten Näherungswert   3,999978 liegt innerhalb der oben bestimmten Fehlerschranke.

```
0001      00          BEGIN $ ***  BEISPIEL 6.5  ***  $
0002      00              REAL X1,Z;
0003      01              REAL PROCEDURE TRAPEZ(A,B,X,Y,N);
0004      01                  NAME X,Y; VALUE A,B,N;
0005      01                  INTEGER N;
0006      01                  REAL A,B,X,Y;
0007      01                  BEGIN
0008      01                      REAL S,H;
0009      02                      X := A;
0010      02                      S := Y*0.5;
0011      02                      X := B;
0012      02                      S := S+Y*0.5;
0013      02                      H := (B-A)/N;
0014      02                      FOR X := A+H STEP H UNTIL B-H/2 DO
0015      02                          S := S+Y;
0016      02                      TRAPEZ := S*H;
0017      02                  END;
0018      01              Z := TRAPEZ(-2,2,X1,(X1**2-2*X1+1)/(X1**2+1),20);
0019      01              OUTREAL(Z,6,15); OUTIMAGE;
0020      01          END#
      3.999978@+00
    EXECUTION TERMINEE


0001      00          BEGIN $ ***  AUFGABE 6.3  ***  $
0002      00              REAL Z;
0003      01              REAL PROCEDURE F(X);
0004      01                  REAL X;
0005      01                  F := (X**2-2*X+1)/(X**2+1);
0006      01              REAL PROCEDURE TRAPEZ(A,B,Y,N);
0007      01                  REAL A,B;
0008      01                  INTEGER N;
0009      01                  REAL PROCEDURE Y;
0010      01                  BEGIN
0011      01                      REAL S,H,X;
0012      02                      S := (Y(A)+Y(B))*0.5;
0013      02                      H := (B-A)/N;
0014      02                      FOR X := A+H STEP H UNTIL B-H/2 DO
0015      02                          S := S+Y(X);
0016      02                      TRAPEZ := S*H;
0017      02                  END;
0018      01              Z := TRAPEZ(-2,2,F,20);
0019      01              OUTREAL(Z,6,15); OUTIMAGE;
0020      01          END#
      3.999978@+00
    EXECUTION TERMINEE
```

Zu Beispiel 7.1 (Seite 93)

```
0001    00          BEGIN  $  ***   BEISPIEL 7.1   ***   $
0002    00            REAL X1,Y;

0003    01            REAL PROCEDURE T(N,X);
0004    01            NAME X;
0005    01            INTEGER N; REAL X;
0006    01            BEGIN
0007    01              IF N = 0 THEN T := 1;
0008    02              IF N = 1 THEN T := X;
0009    02              IF N >= 2 THEN T := 2*X*T(N-1,X)-T(N-2,X);
0010    02            END;

0011    01            X1 := -1;
0012    01            WHILE X1 <= 1.05 DO
0013    01            BEGIN
0014    01              Y := T(5,X1);
0015    02              OUTFIX(X1,2,6); OUTFIX(Y,3,10); OUTIMAGE;
0016    02              X1 := X1+0.1;
0017    02            END;
0018    01          END#


     -1.00     -1.000
     -0.90      0.632
     -0.80      0.997
     -0.70      0.671
     -0.60      0.076
     -0.50     -0.500
     -0.40     -0.884
     -0.30     -0.999
     -0.20     -0.845
     -0.10     -0.480
     -0.00     -0.000
      0.10      0.480
      0.20      0.845
      0.30      0.999
      0.40      0.884
      0.50      0.500
      0.60     -0.076
      0.70     -0.671
      0.80     -0.997
      0.90     -0.632
      1.00      1.000
EXECUTION TERMINEE
```

Alternative Lösung

```
0001    00         BEGIN $  ***   BEISPIEL 7.1, ALTERLATIVE LOESUNG  ***  $
0002    00           REAL X1,Y;
0003    01           REAL PROCEDURE T(N,X);
0004    01           INTEGER N; REAL X;
0005    01           BEGIN
0006    01             REAL T0,T1,TJ;
0007    02             INTEGER J;
0008    02             T := T0 := 1; IF N = 0 THEN EXIT T;
0009    02             T := T1 := X; IF N = 1 THEN EXIT T;
0010    02             FOR J := 2 STEP 1 UNTIL N DO
0011    02             BEGIN
0012    02               TJ := 2*X*T1-T0;
0013    03               T0 := T1;
0014    03               T1 := TJ;
0015    03             END;
0016    02             T := TJ;
0017    02           END;
0018    01           X1 := -1;
0019    01           WHILE X1 <= 1.05 DO
0020    01           BEGIN
0021    01             Y := T(5,X1);
0022    02             OUTFIX(X1,2,6); OUTFIX(Y,3,10); OUTIMAGE;
0023    02             X1 := X1+0.1;
0024    02           END;
0025    01         END#
          -1.00      -1.000
          -0.90       0.632
          -0.80       0.997
          -0.70       0.471
          -0 ..
```

In der alternativen Lösung zur Berechnung des Tschebyscheff-Polynoms wird zwar die Rekursionsformel benutzt, sie wird aber nicht in eine rekursive Prozedur umgesetzt. Es werden vielmehr innerhalb einer Schleife die Zwischenergebnisse geeignet umgespeichert.

Darüber hinaus wird eine neue Anweisung, nämlich

> EXIT name;

benutzt. Dieser Anweisung entspricht ein Sprung an das Ende der Prozedur name, wie wir ihn etwa in der Lösung zu Beispiel 6.4 angegeben haben.

Falls man nur

> EXIT;

ohne einen Prozedurnamen angibt, wird an das Ende des kleinsten Blocks oder der kleinsten zusammengesetzten Anweisung verzweigt, die die Anweisung EXIT umfaßt.

- 184 -

<u>Zu Aufgabe 7.1 (Seite 95)</u>

```
0001      00          BEGIN  $  ***  AUFGABE 7.1  ***  $
0002      00              INTEGER K;
0003      01              REAL ARRAY WERTE(0:60);
0004      01              REAL X,DX,XMIN,XMAX;

0005      01              REAL PROCEDURE L(N,X); NAME X;
0006      01                  REAL X; INTEGER N;
0007      01                  L := IF N = 0 THEN 1
0008      01                          ELSE (IF N = 1 THEN -X+1
0009      01                          ELSE ((2*N-1-X)*L(N-1,X)-(N-1)*L(N-2,X))/N);

0010      01              PROCEDURE GRAPH(XM,D,N,W);
0011      01                  REAL XM,D;
0012      01                  INTEGER N;
0013      01                  REAL ARRAY W;
0014      01                  BEGIN
0015      01                      INTEGER J;
0016      02                      REAL WMIN,WMAX,XX;
0017      02                      PAGE; LINESPERPAGE(56);
0018      02                      WMIN := WMAX := W(0);
0019      02                      FOR J := 1 STEP 1 UNTIL N DO
0020      02                      BEGIN
0021      02                          IF WMIN > W(J) THEN WMIN := W(J);
0022      03                          IF WMAX < W(J) THEN WMAX := W(J);
0023      03                      END;
0024      02                      IF WMIN = WMAX THEN
0025      02                      BEGIN
0026      02                          OUTTEXT('WERTEFOLGE KONSTANT');
0027      03                          OUTIMAGE;
0028      03                          EXIT;
0029      03                      END;
0030      02                      XX := XM;
0031      02                      FOR J := 0 STEP 1 UNTIL N DO
0032      02                      BEGIN
0033      02                          OUTFIX(XX,2,8); OUTFIX(W(J),3,9);
0034      03                          SYSOUT.SETPOS(20+100*(W(J)-WMIN)/(WMAX-WMIN))
0035      03                          OUTCHAR("*");
0036      03                          OUTIMAGE;
0037      03                          XX := XX+D;
0038      03                      END;
0039      02                  END;

0040      01              K := -1;
0041      01              XMIN := 0; XMAX := 8; DX := 0.2;
0042      01              FOR X := XMIN STEP DX UNTIL XMAX+DX/2 DO
0043      01              BEGIN
0044      01                  K := K+1;
0045      02                  WERTE(K) := L(5,X);
0046      02              END;
0047      01              GRAPH(XMIN,DX,K,WERTE);
0048      01          END#
```

0.00	1.000
0.20	0.187
0.40	-0.301
0.60	-0.534
0.80	-0.571
1.00	-0.467
1.20	-0.269
1.40	-0.018
1.60	0.251
1.80	0.510
2.00	0.733
2.20	0.904
2.40	1.008
2.60	1.037
2.80	0.984
3.00	0.850
3.20	0.636
3.40	0.347
3.60	-0.007
3.80	-0.416
4.00	-0.867
4.20	-1.344
4.40	-1.831
4.60	-2.310
4.80	-2.762
5.00	-3.167
5.20	-3.505
5.40	-3.757
5.60	-3.902
5.80	-3.923
6.00	-3.800
6.20	-3.517
6.40	-3.060
6.60	-2.414
6.80	-1.569
7.00	-0.517
7.20	0.749
7.40	2.230
7.60	3.925
7.80	5.829
8.00	7.933

EXECUTION TERMINEE

<u>Zu Beispiel 7.2 (Seite 97)</u>

```
0001    00        BEGIN  $  ***   BEISPIEL 7.2  ***   $
0002    00           INTEGER ARRAY A(0:15);
0003    01           PROCEDURE PASCAL(N,A);
0004    01           INTEGER N; INTEGER ARRAY A;
0005    01           BEGIN
0006    01              INTEGER ARRAY B(0:N-1);
0007    02              INTEGER K;
0008    02              A(0) := A(N) := 1;
0009    02              IF N >= 1 THEN PASCAL(N-1,B);
0010    02              FOR K := 1 STEP 1 UNTIL N-1 DO
0011    02                 A(K) := B(K)+B(K-1);
0012    02              SYSOUT.SETPOS(65-N*4);
0013    02              FOR K := 0 STEP 1 UNTIL N DO
0014    02              BEGIN
0015    02                 OUTINT(A(K),5);
0016    03                 SYSOUT.SETPOS(SYSOUT.POS+3);
0017    03              END;
0018    02              OUTIMAGE;
0019    02           END;
0020    01           SPACING(3);
0021    01           PAGE;
0022    01           PASCAL(15,A);
0023    01        END#
```

```
                                      1

                              1               1

                      1               2               1

              1               3               3               1

      1               4               6               4               1

  1           5           10          10          5           1

1         6         15        20        15        6         1

  1       7       21      35      35      21      7       1

 1      8      28     56     70     56     28     8     1

1    9    36    84    126    126    84    36 .   9    1

1   10   45   120   210   252   210   120   45   10   1

11    55    165    330    462    462    330    165    55    11
```

Zu Aufgabe 7.2 (Seite 98)

```
0001    00          BEGIN  $  ***   AUFGABE 7.2   ***   $
0002    00             INTEGER ARRAY A(0:15);

0003    01             PROCEDURE PASCAL(NMAX,A);
0004    01                INTEGER NMAX;
0005    01                INTEGER ARRAY A;
0006    01                BEGIN
0007    01                   INTEGER N,K;
0008    02                   FOR N := 0 STEP 1 UNTIL NMAX DO
0009    02                   BEGIN
0010    02                      A(N) := 1;
0011    03                      SYSOUT.SETPOS(65-N*4);
0012    03                      OUTINT(A(N),5);
0013    03                      FOR K := N STEP -1 UNTIL 2 DO
0014    03                      BEGIN
0015    03                         A(K-1) := A(K-1)+A(K-2);
0016    04                         SYSOUT.SETPOS(SYSOUT.POS+3);
0017    04                         OUTINT(A(K-1),5);
0018    04                      END;
0019    03                      IF N > 0 THEN
0020    03                         BEGIN
0021    03                            SYSOUT.SETPOS(SYSOUT.POS+3);
0022    04                            OUTINT(A(0),5);
0023    04                         END;
0024    03                      OUTIMAGE;
0025    03                   END;
0026    02                END;

0027    01             SPACING(3);
0028    01             PAGE;
0029    01             PASCAL(15,A);
0030    01          END#
```

Das Programm liefert die gleichen Ergebnisse, wie man sie im
Beispiel 7.1 erhält.

Zu Aufgabe 7.3 (Seite 98)

In dem Vektor ANG werden die Angebote und in dem Vektor GES
die korrespondierenden Gesuche der Tauschanbieter bis zur
Komponente TAMAX eingelesen und gespeichert. Die Daten des
Tauschanbieters, für den die Ringsuche gestartet werden soll,
werden in die Komponenten STA(0) und STS(0) gelesen.

Für das Gesuch STS(O) wird unter den Tauschanbietern ein passendes Angebot gesucht. Falls dies gefunden ist, wird dieser Tauschanbieter als "belegt" vermerkt.

Da für diesen Anbieter anschließend das zugehörige Gesuch erfüllt werden muß, wird auf der nächsten Stufe (N um 1 erhöht) durch einen erneuten Aufruf der Prozedur RING versucht, ein entsprechendes Angebot zu finden usw. Kann ein Gesuch durch das Angebot STA(O) befriedigt werden, ist der Ring "geschlossen" und wird entsprechend ausgegeben.

Nun kann es sein, daß ein Tauschanbieter zwar das noch offene Gesuch befriedigen kann, für ihn aber kein passendes Angebot gefunden wird. Dann ist dieser Tauschanbieter aus dem bis jetzt aufgebauten Ringteil zu eliminieren (N um 1 erniedrigen), und es muß versucht werden, für das jetzt wieder offene Gesuch ein anderes passendes Angebot zu finden. Bei einem erneuten Aufruf von RING ist die Suche auf dem "Rest" der Tauschanbieter vorzunehmen (d.h. von TA(N)+1 bis TAMAX).

Eine gleiche Situation tritt ein, wenn die maximale Anzahl der Stufen NMAX (= maximale Anzahl der Tauschanbieter innerhalb des Rings) überschritten wird. Auch in diesem Fall ist die Anzahl N der Stufen um 1 zu reduzieren.

Falls weitere Ringe aufgebaut werden sollen, sind entsprechende Datenkarten einzugeben. Die bereits an einem Ring beteiligten Tauschanbieter bleiben unberücksichtigt.

Wegen der Vielzahl der Parameter, die bei der Suche eines passenden Angebots berücksichtigt werden müssen, wurden fast alle Größen als globale Variable eingesetzt.

```
BEGIN $ *** AUFGABE 7.3 *** $
     CHARACTER ARRAY ANG,GES(1:80),STA,STS(0:10);
     INTEGER ARRAY TA(0:10);
     INTEGER N,NMAX,TAMAX,K;
     BOOLEAN ARRAY BEL(1:80);
```

```
PROCEDURE RING(S);
   CHARACTER S;
   BEGIN
      CHARACTER SNEU;
      INTEGER NTA,J,K1,K2;
      IF S = STA(0) THEN
      BEGIN
         OUTTEXT('FUER RINGTAUSCH'); OUTIMAGE;
         FOR J := 0 STEP 1 UNTIL N DO
         BEGIN
            OUTINT(J,4);
            SYSOUT.SETPOS(J+6); OUTCHAR(STA(J)); OUTCHAR(STS(J));
            OUTINT(TA(J),4); OUTIMAGE;
         END;
         EXIT RING;
      END;
      IF N < NMAX THEN
      BEGIN
         NTA := TA(N+1);
         FOR J := NTA+1 STEP 1 UNTIL TAMAX DO
         BEGIN
            IF NOT BEL(J) THEN
            BEGIN
               IF ANG(J) = S THEN
               BEGIN
                  N := N+1;
                  BEL(J) := TRUE;
                  STA(N) := ANG(J);
                  STS(N) := GES(J);
                  TA(N) := J;
                  FOR K1 := N-1 STEP -1 UNTIL 1 DO
                     IF STA(K1) = STA(N) THEN
                     BEGIN
                        FOR K2 := K1+1 STEP 1 UNTIL N-1 DO
                        BEGIN
                           BEL(TA(K2)) := FALSE;
                           TA(K2) := 0;
                        END;
                        STS(K1) := STS(N);
                        TA(K1) := TA(N);
                        TA(N) := 0;
                        N := K1;
                     END;
                  GOTO M1;
               END;
            END;
         END;
      END;
      IF N > 0 THEN
                  BEGIN
                     BEL(TA(N)) := FALSE;
                     IF N < NMAX THEN TA(N+1) := 0;
                     N := N-1;
                  END
               ELSE
                  BEGIN
                     IF TA(0) > 0 THEN BEL(TA(0)) := FALSE;
                     OUTTEXT('SUCHE ERFOLGLOS'); OUTIMAGE;
                     EXIT RING;
                  END;
M1:
      SNEU := STS(N);
      RING(SNEU);
   END;
```

```
       NMAX := 10;
       INIMAGE;
       TAMAX := SYSIN.IMAGE.STRIP.LENGTH;
       FOR K := 1 STEP 1 UNTIL TAMAX DO
          ANG(K) := INCHAR;
       INIMAGE;
       FOR K := 1 STEP 1 UNTIL TAMAX DO
          GES(K) := INCHAR;
    MM:
       INIMAGE; IF ENDFILE THEN STOP;
       STA(C) := INCHAR;
       STS(C) := INCHAR;
       N := C;
       EJECT(LINE+3);
       OUTCHAR(STA(0)); OUTCHAR(STS(0)); OUTIMAGE;
       RING(STS(0));
       GOTO MM;
    END#
```

Eingegebene Daten:

```
ABCDEFGHABCDEFGHABCDEFGHABCDEFGHABCDEFGHABCDEFGHABCDEFGHABCDEFGHABCDEFJHA
CDEBADCJBEGHHGEDCGHBFXADHAGEFJDFDEAHFGHEGHPEKAACDEFGNBHGFEDCSADFH
BD
BL
JB
```

```
BD
FUER RINGTAUSCH
   0  BD   0
   1  DB   4




BL
SUCHE ERFOLGLOS




JB
FUER RINGTAUSCH
   0  JB   0
   1  BE  10
   2  EH  13
   3  HJ   8
EXECUTION TERMINEE
```

Ergebnisse

<u>Zu Beispiel 8.1 (Seite 104)</u>

```
0001    00          BEGIN  $  ***  BEISPIEL 8.1  ***  $
0002    00             INTEGER K,J,N;

0003    01             CLASS WR;
0004    01             BEGIN
0005    01                REAL X,Y;
0006    02                INTEGER RX,RY;
0007    02             END;

0008    01             REAL S,R;
0009    01             REF(WR) ARRAY P(1:100);
0010    01             REF(WR) H;
0011    01          EIN:
0012    01             INIMAGE; IF ENDFILE THEN GOTO BER;
0013    01             N := N+1;
0014    01             IF N > 100 THEN
0015    01                BEGIN
0016    01                   OUTTEXT('NUR 100 WERTEPAARE BERUECKS.');
0017    02                   OUTIMAGE;
0018    02                   N := N-1;
0019    02                   GOTO BER;
0020    02                END;
0021    01             H :- NEW WR;
0022    01             H.X := INREAL;
0023    01             H.Y := INREAL;
0024    01             P(N) :- H;
0025    01             GOTO EIN;
0026    01          BER:
0027    01             FOR K := 1 STEP 1 UNTIL N DO
0028    01             BEGIN
0029    01                H :- P(K);
0030    02                FOR J := 1 STEP 1 UNTIL N DO
0031    02                BEGIN
0032    02                   IF H.X > P(J).X THEN H.RX := H.RX+1;
0033    03                   IF H.Y > P(J).Y THEN H.RY := H.RY+1;
0034    03                END;
0035    02             END;
0036    01             FOR K := 1 STEP 1 UNTIL N DO
0037    01                S := S+(P(K).RX-P(K).RY)**2;
0038    01             R := 1-6*S/(N*(N**2-1));
0039    01             OUTFIX(R,2,5); OUTIMAGE;
0040    01          END#
```

$$
\left.\begin{array}{ll}
6.8 & 20.2 \\
5.8 & 22.0 \\
6.5 & 20.4 \\
6.4 & 21.3 \\
5.9 & 21.7
\end{array}\right\} \text{eingegebene Daten}
$$

-1.00 <─────────── Ergebnis
EXECUTION TERMINEE

Zu Aufgabe 8.1 (Seite 110)

```
0001      00          BEGIN  $  ***  AUFGABE 8.1  ***  $
0002      00              INTEGER K,J,L;
0003      01              CLASS WR(X,RX,Y,RY);
0004      01                  INTEGER RX,RY;
0005      01                  REAL X,Y;
0006      01                  BEGIN
0007      01                  END;
0008      01              REAL R;
0009      01              INTEGER N;
0010      01              REF(WR) ARRAY P(1:100);
0011      01          EIN:
0012      01              INIMAGE; IF ENDFILE THEN GOTO BER;
0013      01              N := N+1;
0014      01              IF N > 100 THEN
0015      01                  BEGIN
0016      01                      OUTTEXT('NUR 100 WERTEPAARE BERUECKS.');
0017      02                      OUTIMAGE;
0018      02                      N := N-1;
0019      02                      GOTO BER;
0020      02                  END;
0021      01              P(N) :- NEW WR(INREAL,1,INREAL,1);
0022      01              GOTO EIN;
0023      01          BER:
0024      01              FOR K := 1 STEP 1 UNTIL N DO
0025      01              BEGIN
0026      01                  FOR J := 1 STEP 1 UNTIL N DO
0027      02                  BEGIN
0028      02                      IF P(K).X > P(J).X THEN P(K).RX := P(K).RX+1;
0029      03                      IF P(K).Y > P(J).Y THEN P(K).RY := P(K).RY+1;
0030      03                  END;
0031      02                  R := R+(P(K).RX-P(K).RY)**2;
0032      02              OUTFIX(P(K).X,2,7); OUTINT(P(K).RX,4);
0033      02              OUTFIX(P(K).Y,2,7); OUTINT(P(K).RY,4);
0034      02                  OUTIMAGE;
0035      02              END;
0036      01              R := 1-6*R/(N*(N**2-1));
0037      01              OUTFIX(R,2,5); OUTIMAGE;
0038      01          END#
```

Es wurden die gleichen Daten wie für Beispiel 8.1 eingegeben

```
     6.80    5   20.20    1
     5.80    1   22.00    5
     6.50    4   20.40    2
     6.40    3   21.30    3
     5.90    2   21.70    4
-1.00
EXECUTION TERMINEE
```

<u>Zu Beispiel 8.2 (Seite 111)</u>

```
0001     00         BEGIN  $  ***   BEISPIEL 8.2  ***   $
0002     00            CLASS WR(X,RX,Y,RY);
0003     01            REAL X,Y;
0004     01            INTEGER RX,RY;
0005     01            BEGIN
0006     01               REF(WR) F;
0007     02            END;

0008     01            REAL X1,Y1,R;
0009     01            INTEGER N;
0010     01            REF(WR) START,H,NEU,G;
0011     01            INIMAGE;
0012     01            X1 := INREAL; Y1 := INREAL;
0013     01            START :- NEW WR(X1,1,Y1,1);
0014     01            H :- START;
0015     01         EIN:
0016     01            INIMAGE; IF ENDFILE THEN GOTO BER;
0017     01            X1 := INREAL; Y1 := INREAL;
0018     01            NEU :- NEW WR(X1,1,Y1,1);
0019     01            H.F :- NEU;
0020     01            H :- NEU;
0021     01            GOTO EIN;
0022     01         BER:
0023     01            N := 0;
0024     01            H :- START;
0025     01            WHILE H =/= NONE DO
0026     01            BEGIN
0027     01               N := N+1;
0028     02               G :- START;
0029     02               INSPECT H DO
0030     02               BEGIN
0031     02                  WHILE G =/= NONE DO
0032     03                  BEGIN
0033     03                     IF X > G.X THEN RX := RX+1;
0034     04                     IF Y > G.Y THEN RY := RY+1;
0035     04                     G :- G.F;
0036     04                  END;
0037     03                  R := R+(RX-RY)**2;
0038     03                  OUTFIX(X,2,7); OUTINT(RX,4);
0039     03                  OUTFIX(Y,2,7); OUTINT(RY,4);
0040     03                  OUTIMAGE;
0041     03               END;
0042     02               H :- H.F;
0043     02            END;
0044     01            R := 1-6*R/(N*(N**2-1));
0045     01            OUTFIX(R,2,5); OUTIMAGE;
0046     01         END#
```

Bei der Eingabe von Daten wie im Beispiel 8.1 liefert das
Programm dieselben Ergebnisse. Die Beschränkung auf nur 1oo
Wertepaare entfällt.

<u>Zu Aufgabe 8.2 (Seite 115)</u>

Die Seitenzahl soll nicht rein numerisch gespeichert werden,
weil u.U. ein Hinweis auf nachfolgende Seiten (z.B. 122 ff)
gegeben werden soll. Es wird deshalb sowohl für das Stichwort
als auch für die Seitenzahl eine Textvariable vorgesehen.

Da wir bezüglich der Anzahl der eingegebenen Stichwörter
völlig flexibel sein wollen und da außerdem in der Aufgabenstellung gefordert ist, daß jedes Stichwort höchstens einmal
gespeichert sein soll, beschreiben wir eine Klasse ANG in der
folgenden Form

```
CLASS ANG(T);
   VALUE T;
   TEXT T;
   BEGIN
     REF (ANG) F,S;
   END;
```

Die Klasse ANG wird sowohl für die Aufnahme des Stichwortes
in einer Inkarnation als auch für die Aufnahme einer Seitenzahl in einer anderen Inkarnation vorgesehen. Damit müssen im
Falle eines Stichwortes 2 Referenzvariable vorgesehen werden,
die einmal auf das nachfolgende Stichwort verweisen
(Referenzvariable F) und zum anderen auf die wertmäßig kleinste
Seitenzahl (Referenzvariable S). Bei einer Inkarnation der
Klasse für eine Seitenzahl ist die Referenzvariable F überflüssig, doch es bereitet weniger Mühe, die Inkarnationen der
Klasse ANG für ein Stichwort und für eine Seitenzahl gemeinsam
zu behandeln,als die überflüssige Referenzvariable "einzusparen".
Auf diese Weise kann man nämlich eine gemeinsame Prozedur für das
Einsortieren eines neuen Stichwortes und für das Einsortieren
einer neuen Seitenzahl (bei gleichem Stichwort) benutzen
(s.u.Prozedur SUCH).

In der Klassendeklaration wird für den formalen Parameter T
die Übergabeart "call by value" vereinbart. Auf diese Weise
wird nicht eine Textreferenz übergeben und damit aus der Klasse
ANG mit Hilfe der Variablen T auf einen im aufrufenden Programmteil existierenden Textbereich verwiesen, sondern es wird bei
jeder Inkarnation der Klasse ein Textbereich neu geschaffen, der
die Länge und den Inhalt des aktuellen Parameters besitzt.

Als Textinhalt des aktuellen Parameters wird nur das eigentliche Stichwort übergeben, wodurch man sich die Speicherung von Leerzeichen erspart.

In der nachfolgenden Zeichnung wurden die Inkarnationen der Klasse etwas vereinfacht dargestellt: von der Textinstanz T wurde jeweils nur der Textbereich mit dem Textinhalt angegeben.

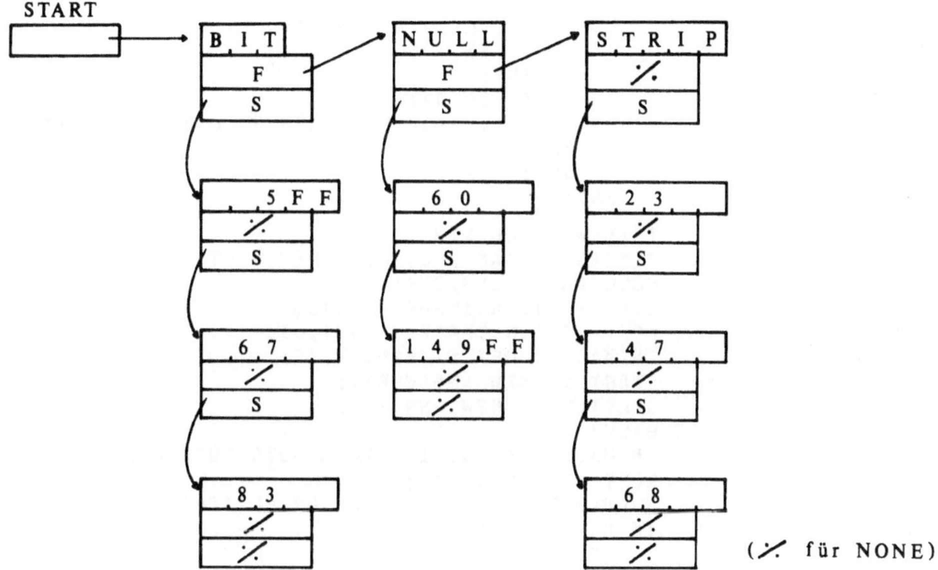

Die Zeichnung gibt an, welche Inkarnationen der Klasse ANG nach Bearbeitung der u.a. Datenkarten geschaffen wurden und wie sie durch ihre Referenzvariablen F und S miteinander verbunden sind.

Mit dem unten angegebenen Programm wurde das Stichwortverzeichnis dieses Skriptums vorbereitet.

```
0001   00      BEGIN $ *** AUFGABE 8.2 *** $
0002   00        CLASS ANG(T); VALUE T;
0003   01          TEXT T;
0004   01          BEGIN
0005   01            REF(ANG) F,S;
0006   02          END;
```

```
0007    01          PROCEDURE SUCH (W,STW,START,KL,GR,GL);
0008    01             NAME KL,GR,GL;
0009    01             REF(ANG) START,KL,GR;
0010    01             BOOLEAN STW,GL;
0011    01             TEXT W;
0012    01             BEGIN
0013    01                KL :- START;
0014    02                GR :- IF STW THEN START ELSE START.S;
0015    02                WHILE GR =/= NONE DO
0016    02                BEGIN
0017    02                   IF W <= GR.T THEN
0018    03                   BEGIN
0019    03                      GL := W = GR.T;
0020    04                      EXIT SUCH;
0021    04                   END;
0022    03                   KL :- GR;
0023    03                   GR :- (IF STW THEN GR.F ELSE GR.S);
0024    03                END;
0025    02                GL := FALSE;
0026    02             END;

0027    01          TEXT WORT,NR,EIN;
0028    01          REF(ANG) START,KL,GR,GL,NEU,H,ST;
0029    01          BOOLEAN GLEICH,GNR;
0030    01          EIN :- SYSIN.IMAGE.SUB(1,30);
0031    01          NR :- SYSIN.IMAGE.SUB(31,5);
0032    01          INIMAGE; WORT :- EIN.STRIP;
0033    01          START :- NEW ANG(WORT);
0034    01          START.S :- NEW ANG(NR);
0035    01       EINGABE:
0036    01          INIMAGE; IF ENDFILE THEN GOTO AUSGABE;
0037    01          WORT :- EIN.STRIP;
0038    01          SUCH(WORT,TRUE,START,KL,GR,GLEICH);
0039    01          IF GLEICH THEN
0040    01             BEGIN
0041    01                ST :- GR;
0042    02                SUCH(NR,FALSE,ST,KL,GR,GNR);
0043    02                IF GNR THEN GOTO EINGABE;
0044    02                NEU :- NEW ANG(NR);
0045    02                NEU.S :- GR;
0046    02                KL.S :- NEU;
0047    02             END
0048    02                   ELSE
0049    01             BEGIN
0050    01                NEU :- NEW ANG(WORT);
0051    02                NEU.S :- NEW ANG(NR);
0052    02                NEU.F :- GR;
0053    02                IF GR == START THEN START :- NEU
0054    02                               ELSE KL.F :- NEU;
0055    02             END;
0056    01          GOTO EINGABE;
0057    01       AUSGABE:
0058    01          LINESPERPAGE(56);
0059    01          NEU :- START;
```

```
0060      01          WHILE NEU =/= NONE DO
0061      01          BEGIN
0062      01             OUTTEXT(NEU.T);
0063      02             SYSOUT.SETPOS(31);
0064      02             H :- NEU.S;
0065      02             WHILE H =/= NONE DO
0066      02             BEGIN
0067      02                OUTTEXT(H.T);
0068      03                SYSOUT.SETPOS(SYSOUT.POS+1);
0069      03                H :- H.S;
0070      03             END;
0071      02             OUTIMAGE;
0072      02             NEU :- NEU.F;
0073      02          END;
0074      01       END#
```

```
BIT                                  67     ⎤
STRIP                                47     ⎟
NULL                                 60     ⎟
STRIP                                23     ⎬   eingegebene Daten
BIT                                  83     ⎟   (willkürlich gewählt)
NULL                              149FF     ⎟
BIT                                 5FF     ⎟
STRIP                                68     ⎦


BIT                          5FF    67     83   ⎤
NULL                          60  149FF         ⎬   Ergebnisse
STRIP                         23     47     68   ⎦
EXECUTION TERMINEE
```

Zu Beispiel 9.1 (Seite 118)

```
0001      00       BEGIN  $  ***  BEISPIEL 9.1  ***  $
0002      00          CLASS ORTHOPOL(A,B);
0003      01          REAL ARRAY A,B;
0004      01          BEGIN
0005      01             REAL ARRAY AK(1:4);
0006      02             REAL PROCEDURE POL(N,X);
0007      02             INTEGER N; REAL X;
0008      02             BEGIN
0009      02                INTEGER J,K; REAL Y0,Y1,YK;
0010      03                POL := Y0 := B(0);
0011      03                IF N = 0 THEN EXIT POL;
0012      03                POL := Y1 := B(2)*X+B(1);
0013      03                IF N = 1 THEN EXIT POL;
0014      03                FOR K := 2 STEP 1 UNTIL N DO
0015      03                BEGIN
0016      03                   FOR J := 1 STEP 1 UNTIL 4 DO
0017      04                      AK(J) := A(1,J)+A(2,J)*K;
0018      04                   YK := ((AK(2)+AK(3)*X)*Y1-AK(4)*Y0)/AK(1);
0019      04                   Y0 := Y1;
0020      04                   Y1 := YK;
0021      04                END;
0022      03                POL := YK;
0023      03             END;
0024      02          END;
```

```
0025      01          INTEGER N; REAL X,Y;
0026      01          REF(ORTHOPOL) P;
0027      01          REAL ARRAY A(1:2,1:4),B(0:2);
0028      01          B(0) := 1;
0029      01          B(2) := 1; B(1) := 0;
0030      01          A(1,1) := 0; A(2,1) := 1;
0031      01          A(1,2) := 0; A(2,2) := 0;
0032      01          A(1,3) := -1; A(2,3) := 2;
0033      01          A(1,4) := -1; A(2,4) := 1;
0034      01          P :- NEW ORTHOPOL(A,B);
0035      01          PAGE; OUTTEXT('LEGENDRE-POLYNOME 1. BIS 10. GRADES');
0036      01          OUTIMAGE;
0037      01          FOR X := -1 STEP 0.05 UNTIL 1.02 DO
0038      01          BEGIN
0039      01             OUTFIX(X,2,6);
0040      02             FOR N := 1 STEP 1 UNTIL 10 DO
0041      02             BEGIN
0042      02                Y := P.POL(N,X);
0043      03                OUTFIX(Y,6,12);
0044      03             END;
0045      02             OUTIMAGE;
0046      02          END;
0047      01       END#
```

```
LEGENDRE-POLYNOME 1. BIS 10. GRADES
-1.00    -1.000000     1.000000    -1.000000     1.000000    -1.000000     1.000
-0.95    -0.950000     0.853750    -0.718437     0.554090    -0.372743     0.187
-0.90    -0.900000     0.715000    -0.472499     0.207937     0.041142    -0.241
-0.85    -0.850000     0.583749    -0.260311    -0.050599     0.285665    -0.407
-0.80    -0.800000     0.460000    -0.080000    -0.233000     0.399520    -0.39
-0.75    -0.750000     0.343750     0.070313    -0.350098     0.416382    -0.28
-0.70    -0.700000     0.235000     0.192500    -0.412063     0.365198    -0.12
-0.65    -0.650000     0.133749     0.288438    -0.428410     0.270489     0.03
-0.60    -0.600000     0.039999     0.360000    -0.408000     0.152639     0.17
-0.55    -0.550000    -0.046250     0.409062    -0.359035     0.028194     0.27
-0.50    -0.500000    -0.125000     0.437500    -0.289062    -0.089844     0.31
-0.45    -0.450000    -0.196250     0.447187    -0.204972    -0.191723     0.31
-0.40    -0.400000    -0.260000     0.440000    -0.112999    -0.270640     0.21
-0.35    -0.350000    -0.316250     0.417812    -0.018722    -0.322455     0.2
-0.30    -0.300000    -0.365000     0.382500     0.072938    -0.345386     0.1
-0.25    -0.250000    -0.406250     0.335937     0.157715    -0.339721     0.0
-0.20    -0.200000    -0.440000     0.280000     0.232000    -0.307520    -0.0
-0.15    -0.150000    -0.466250     0.216562     0.292840    -0.252316    -0.1
-0.10    -0.100000    -0.485000     0.147500     0.337937    -0.178828    -0.2
-0.05    -0.050000    -0.496250     0.074687     0.365652    -0.092658    -0.2
 0.00     0.000000    -0.500000    -0.000000     0.375000     0.000000    -0.3
 0.05     0.050000    -0.496250    -0.074688     0.365652     0.092659    -0.3
 0.10     0.100000    -0.485000    -0.147500     0.337937     0.178829    -0.
 0.15     0.150000    -0.466250    -0.216563     0.292840     0.252317    -0.
 0.20     0.200000    -0.440000    -0.280000     0.232000     0.307520    -0.
 0.25     0.250000    -0.406250    -0.335938     0.157715     0.339722     0.
 0.30     0.300000    -0.365000    -0.382500     0.072938     0.345386     0.
 0.35     0.350000    -0.316250    -0.417812    -0.018722     0.322455     0.
 0.40     0.400000    -0.260000    -0.440000    -0.112999     0.270640     0.
 0.45     0.450000    -0.196250    -0.447187    -0.204972     0.191723     0.
 0.50     0.500000    -0.125000    -0.437500    -0.289062     0.089845     0.
 0.55     0.550000    -0.046251    -0.409063    -0.359035    -0.028194     0
 0.60     0.600000     0.039999    -0.360001    -0.408000    -0.152639     0
 0.65     0.650000     0.133749    -0.288438    -0.428410    -0.270489     0
 0.70     0.700000     0.234999    -0.192501    -0.412063
 0.75     0.750000
```

<u>Zu Aufgabe 9.1 (Seite 120)</u>

```
0001    00        BEGIN  $  ***   AUFGABE 9.1  ***   $

                  Die Klasse ORTHOPOL ist mit der in
                  Beispiel 9.1 angegebenen Klasse identisch

0025    01        INTEGER N; REAL X,Y;
0026    01        REF(ORTHOPOL) L;
0027    01        REAL ARRAY A(1:2,1:4),B(0:2);
0028    01        B(0) := 1;
0029    01        B(2) := -1; B(1) := 1;
0030    01        A(1,1) := 0; A(2,1) := 1;
0031    01        A(1,2) := -1; A(2,2) := 2;
0032    01        A(1,3) := -1; A(2,3) := 0;
0033    01        A(1,4) := -1; A(2,4) := 1;
0034    01        L :- NEW ORTHOPOL(A,B);
0035    01        PAGE; OUTTEXT('LAGUERRE-POLYNOME 1. BIS 5. GRADES');
0036    01        OUTIMAGE;
0037    01        FOR X := 0 STEP 0.2 UNTIL 8.1 DO
0038    01        BEGIN
0039    01            OUTFIX(X,2,6);
0040    02            FOR N := 1 STEP 1 UNTIL 5 DO
0041    02            BEGIN
0042    02                Y := L.POL(N,X);
0043    03                OUTFIX(Y,6,12);
0044    03            END;
0045    02            OUTIMAGE;
0046    02        END;
0047    01        END#
```

```
LAGUERRE-POLYNOME 1. BIS 5. GRADES
  0.00     1.000000     1.000000     1.000000     1.000000     1.000000
  0.20     0.800000     0.619999     0.458665     0.314732     0.186995
  0.40     0.600000     0.280000     0.029333    -0.161601    -0.301419
  0.60     0.400000    -0.020000    -0.296000    -0.458600    -0.533648
  0.80     0.200000    -0.280000    -0.525333    -0.604266    -0.570730
  1.00     0.000000    -0.500000    -0.666666    -0.625000    -0.466666
  1.20    -0.200000    -0.680000    -0.728000    -0.545600    -0.268736
  1.40    -0.400000    -0.820000    -0.717333    -0.389266    -0.017818
  1.60    -0.599999    -0.920000    -0.642666    -0.177600     0.251285
  1.80    -0.799999    -0.980000    -0.512000     0.069400     0.509535
  2.00    -0.999999    -1.000000    -0.333334     0.333333     0.733332
  2.20    -1.199999    -0.980000    -0.114668     0.597399     0.904196
  2.40    -1.399999    -0.920000     0.135999     0.846399     1.008447
  2.60    -1.599998    -0.820001     0.410665     1.066731     1.036884
  2.80    -1.799998    -0.680001     0.701331     1.246399     0.984470
  3.00    -1.999998    -0.500001     0.999997     1.374998     0.850000
  3.20    -2.199998    -0.280003     1.298663     1.443732     0.635799
  3.40    -2.399998    -0.020003     1.589330     1.445399     0.347384
  3.60    -2.599998     0.279996     1.863997     1.374401    -0.006843
  3.80    -2.799997     0.619995     2.114663     1.226735    -0.415925
  4.00    -2.999997     0.999994     2.333330     1.000003    -0.866661
  4.20    -3.199997     1.419992     2.511997     0.693406    -1.343927
  4.40    -3.399997     1.879992     2.642664     0.307740    -1.831010
  4.60    -3.599997     2.379991     2.717332
  4.80    -3.799996
```

<u>Zu Beispiel 9.2 (Seite 120)</u>

```
0001    00          BEGIN  $  ***   BEISPIEL 9.2   ***   $
0002    00             CLASS ORTHOPOL(Z);
0003    01             CHARACTER Z;
0004    01             BEGIN
0005    01                REAL ARRAY A(1:2,1:4),B(0:2),AK(1:4);
0006    02                REAL PROCEDURE POL(N,X);
0007    02                INTEGER N; REAL X;
0008    02                BEGIN
0009    02                   INTEGER J,K; REAL Y0,Y1,YK;
0010    03                   POL := Y0 := B(0);
0011    03                   IF N = 0 THEN EXIT POL;
0012    03                   POL := Y1 := B(2)*X+B(1);
0013    03                   IF N = 1 THEN EXIT POL;
0014    03                   FOR K := 2 STEP 1 UNTIL N DO
0015    03                   BEGIN
0016    03                      FOR J := 1 STEP 1 UNTIL 4 DO
0017    04                         AK(J) := A(1,J)+A(2,J)*K;
0018    04                      YK := ((AK(2)+AK(3)*X)*Y1-AK(4)*Y0)/AK(1);
0019    04                      Y0 := Y1;
0020    04                      Y1 := YK;
0021    04                   END;
0022    03                   POL := YK;
0023    03                END;
0024    02                B(0) := 1;
0025    02                B(2) := 1; B(1) := 0;
0026    02                A(1,1) := 1; A(2,1) := 0;
0027    02                A(1,2) := 0; A(2,2) := 0;
0028    02                A(1,3) := 2; A(2,3) := 0;
0029    02                A(1,4) := 1; A(2,4) := 0;
0030    02                IF Z = "T" THEN GOTO SCHLUSS;
0031    02                B(2) := 2;
0032    02                IF Z = "U" THEN GOTO SCHLUSS;
0033    02                IF Z = "H" THEN
0034    02                   BEGIN
0035    02                      A(1,4) := -2; A(2,4) := 2;
0036    03                      GOTO SCHLUSS;
0037    03                   END;
0038    02                A(1,1) := 0; A(2,1) := 1;
0039    02                A(1,4) := -1; A(2,4) := 1;
0040    02                A(1,3) := -1;
0041    02                IF Z = "P" THEN
0042    02                   BEGIN
0043    02                      A(2,3) := 2;
0044    03                      GOTO SCHLUSS;
0045    03                   END;
0046    02                B(2) := -1; B(1) := 1;
0047    02                A(1,2) := -1; A(2,2) := 2;
0048    02                IF Z = "L" THEN GOTO SCHLUSS;
0049    02                OUTTEXT('KLASSENAUFRUF MIT FALSCHEM ZEICHEN: ');
0050    02                OUTCHAR(Z);
0051    02                OUTTEXT(' AUFRUF VON POL LIEFERT FALSCHE ERGEBNISSE');
0052    02                OUTIMAGE;
0053    02          SCHLUSS:
0054    02                NULL;
0055    02             END;
```

```
0056    01              REAL X,Y; INTEGER N;
0057    01              REF(ORTHOPOL) F;
0058    01              F :- NEW ORTHOPOL("H");
0059    01              PAGE; OUTTEXT('HERMITE-POLYNOME 1. BIS 5.GRADES');
0060    01              OUTIMAGE;
0061    01              FOR X := -1 STEP 0.05 UNTIL 1.02 DO
0062    01              BEGIN
0063    01                 OUTFIX(X,2,6);
0064    02                 FOR N := 1 STEP 1 UNTIL 5 DO
0065    02                 BEGIN
0066    02                    Y := F.POL(N,X);
0067    03                    OUTFIX(Y,6,12);
0068    03                 END;
0069    02                 OUTIMAGE;
0070    02              END;
0071    01          END#
```

HERMITE-POLYNOME 1. BIS 5.GRADES

-1.00	-2.000000	2.000000	4.000000	-20.000000	8.000000
-0.95	-1.900000	1.609998	4.541004	-18.287888	-1.581055
-0.90	-1.799999	1.239997	4.968004	-16.382385	-10.255768
-0.85	-1.700000	0.889998	5.287003	-14.327893	-17.938614
-0.80	-1.599999	0.559998	5.504002	-12.166385	-24.565811
-0.75	-1.500000	0.250000	5.625000	-9.937500	-30.093750
-0.70	-1.400000	-0.040002	5.656000	-7.678387	-34.498260
-0.65	-1.299999	-0.310002	5.603000	-5.423881	-37.772949
-0.60	-1.200000	-0.560001	5.472000	-3.206390	-39.928329
-0.55	-1.099999	-0.790002	5.268999	-1.055884	-40.990509
-0.50	-1.000000	-1.000000	4.999998	1.000003	-40.999985
-0.45	-0.900000	-1.190000	4.670999	2.936100	-40.010468
-0.40	-0.800000	-1.360000	4.287998	4.729601	-38.087662
-0.35	-0.700000	-1.510000	3.856998	6.360104	-35.308044
-0.30	-0.600000	-1.639999	3.383998	7.809599	-31.757721
-0.25	-0.500000	-1.750000	2.874998	9.062502	-27.531219
-0.20	-0.400000	-1.840000	2.335998	10.105602	-22.730209
-0.15	-0.300000	-1.910000	1.772998	10.928100	-17.462402
-0.10	-0.200000	-1.960000	1.191998	11.521601	-11.840297
-0.05	-0.100000	-1.990000	0.598998	11.880098	-5.979989
0.00	0.000000	-2.000000	-0.000002	12.000000	0.000018
0.05	0.100000	-1.990000	-0.599002	11.880098	5.980024
0.10	0.200000	-1.959999	-1.192001	11.521593	11.840332
0.15	0.300000	-1.910000	-1.773001	10.928098	17.462433
0.20	0.400000	-1.839999	-2.335999	10.105595	22.730225
0.25	0.500000	-1.750000	-2.875000	9.062500	27.531250
0.30	0.600000	-1.639999	-3.383999	7.809598	31.757736
0.35	0.700000	-1.510000	-3.856998	6.360104	35.308044
0.40	0.800000	-1.360000	-4.287997	4.729602	38.087646
0.45	0.900000	-1.190001	-4.670998	2.936108	40.010468
0.50	1.000000	-1.000001	-4.999998	1.000010	40.999985
0.55	1.099999	-0.790002	-5.268999	-1.055884	40.990509
0.60	1.199999	-0.560003	-5.471998	-3.206371	39.928345
0.65	1.299999	-0.310002	-5.603000	-5.423881	37.772949
0.70	1.399999	-0.040004	-5.655999	-7.678369	34.498276
0.75	1.499999	0.249997	-5.625000	-9.937477	30.093781
0.80	1.599998	0.559995	-5.504003	-12.166364	24.565857
0.85	1.699999	0.889996	-5.287004	-14.327874	17.938675
0.90	1.799998	1.239993	-4.968008	-16.382355	10.255859
0.95	1.899999	1.609995	-4.541007	-18.287872	1.581131
1.00	1.999998	1.999992	-4.000011	-19.999954	-7.999771

EXECUTION TERMINEE

Zu Beispiel 10.1 (Seite 127)

```
]JOB M07A-SIM11,RZ03,M07A
]LIMIT (CORE,70),(CARDS,2500),(PAGES,500)
]ASSIGN F13,FIL,(NAM,INITSIMULA5),(STS,MOD),(UNT,AC,:SYS)
]ASSIGN CP,DEV,SCP
]SIMULA
```
erforderliche
Job-Control-
Karten

Hierdurch wird der Kartenstanzer mit
der logischen Nummer 3 im Programm
verknüpft

Aufruf des Simula-Übersetzungsprogramms

```
0001    00      BEGIN  $  ***  BEISPIEL 10.1  ***  $
0002    00         TEXT INHALT;
0003    01         REF(OUTFILE) STANZ;
0004    01         INHALT :- SYSIN.IMAGE;
0005    01         STANZ :- NEW OUTFILE(3);
0006    01         STANZ.OPEN(BLANKS(80));
0007    01      LESEN:
0008    01         INIMAGE;
0009    01         IF ENDFILE THEN
0010    01            BEGIN
0011    01               STANZ.CLOSE;
0012    02               STOP;
0013    02            END;
0014    01         OUTTEXT(INHALT); OUTIMAGE;
0015    01         STANZ.OUTTEXT(INHALT); STANZ.OUTIMAGE;
0016    01         GOTO LESEN;
0017    01      END#
```

Die eingegebenen Datenkarten werden aufgelistet und
ausgestanzt

Zu Aufgabe 10.1 (Seite 133)

In dem ersten Programm wird die Kundendatei erzeugt.
Die einzelnen Datensätze sind 80 Zeichen lang. Der Aufbau
der Datensätze läßt sich aus den nachfolgenden Datenkarten
ablesen.

```
]JOB MO7A-SIM29,RZ03,MO7A
]LIMIT (CORE,70)
]ASSIGN F13,FIL,(NAM,INITSIMULA5),(STS,MOD),(UNT,AC,:SYS)
]ASSIGN CP,FIL,(STS,NEW),(NAM,MO7A-KUNDENDAT)
]SIMULA
```

Hierdurch wird eine sequentielle
Datei auf der Systemplatte angelegt.

```
0001    00      $ BEGIN  $  ***   AUFGABE 10.1
0002    00                        ERSTELLEN DER KUNDENDATEI  ***  $
0003    00          TEXT KUNDE;
0004    01          REF(OUTFILE) DAT;
0005    01          KUNDE :- SYSIN.IMAGE;
0006    01          DAT :- NEW OUTFILE(3);
0007    01          DAT.OPEN(BLANKS(80));
0008    01      LESEN:
0009    01          INIMAGE;
0010    01          IF ENDFILE THEN
0011    01              BEGIN
0012    01                  DAT.CLOSE;
0013    02                  STOP;
0014    02              END;
0015    01          DAT.OUTTEXT(KUNDE);
0016    01          DAT.OUTIMAGE;
0017    01          GOTO LESEN;
0018    01      END#
```

Eingegebene Datenkarten:

```
1MUELLER          28 BREMEN             OSTERDEICH 156
2SCHMIDT          28 BREMEN             POSTFACH
3FRIEDRICH        2 HAMBURG            WEST STR 45
4MEIER            6 FRANKFURT          ZEIL 98
5KRAUSE           BONN                 OBERSTR 12
60TTO             BREMERHAVEN          HAFENSTR 53
7REINERS          WORPSWEDE            FELDWEG 78
8WILHELM          OLDENBURG            BREMER STR 55
9PEYER            FLENSBURG            AM HOHEN UFER 16
10JOHANN          8 MUENCHEN 99        POSTFACH
```

Das eigentliche Verarbeitungsprogramm wurde so angelegt, daß
alle wesentlichen Programmschritte zur Rechnungserstellung in
der Klasse RECHNUNG zusammengefaßt werden.

Dieses gilt für die Prozeduren

ANSCHR,   in der über die Kundennummer die zugehörige Kunden-
           anschrift ermittelt und ausgegeben wird,

ZEILE,   in der die einzelnen Posten der Rechnung bestimmt
           und ausgegeben werden, und

SUMME,   in der der Rechnungsbetrag ausgedruckt wird.

Darüber hinaus wird in der Klasse RECHNUNG die Vorlaufkarte ana-
lysiert und die Kundendatei verwaltet, d.h. eröffnet, gelesen
und geschlossen.

In dem Beispiel wurde bewußt darauf verzichtet, die eingegebenen
Daten auf ihre Plausibilität zu prüfen und entsprechende Fehler-
mitteilungen auszudrucken. In der Praxis muß hierauf in sehr
starkem Maße geachtet werden.

```
]JOB M07A-SIM19,RZ03,M07A
]LIMIT (CORE,70)
]ASSIGN F13,FIL,(NAM,INITSIMULA5),(STS,MOD),(UNT,AC,:SYS)
]ASSIGN CR,FIL,(STS,OLD),(NAM,M07A-KUNDENDAT)
]SIMULA
```

In der Datei M07A-KUNDENDAT stehen die An-
schriften der Kunden. Die Zuordnungskarte stellt
die Verbindung über den Namen CR zwischen der
Datei und der logischen Nummer 5 im Programm her.

```
0001   00    $ BEGIN  $  ***   AUFGABE 10.1
0002   00                      VERARBEITUNGSPROGRAMM  ***   $

0003   00       CLASS RECHNUNG;
0004   01       BEGIN
0005   01          REAL SUM;
0006   02          TEXT DATUM;
0007   02          REF(INFILE) KDAT;

0008   02          PROCEDURE ANSCHR(KDNR);
0009   02             INTEGER KDNR;
0010   02             BEGIN
0011   02                TEXT NAM,ORT,STR;
0012   03                NAM :- KDAT.IMAGE.SUB(6,25);
0013   03                ORT :- KDAT.IMAGE.SUB(31,25);
0014   03                STR :- KDAT.IMAGE.SUB(56,25);
0015   03                PAGE;
0016   03                SYSOUT.SETPOS(43);
0017   03                OUTTEXT(DATUM); OUTIMAGE;
0018   03                KDAT.INIMAGE;
0019   03                WHILE KDNR > KDAT.IMAGE.SUB(1,5).GETINT DO
0020   03                   KDAT.INIMAGE;
0021   03                OUTTEXT(NAM); OUTIMAGE;
0022   03                OUTTEXT(ORT); OUTIMAGE;
0023   03                OUTTEXT(STR); OUTIMAGE;
0024   03                EJECT(LINE+3);
0025   03                SUM := 0;
0026   03             END;

0027   02          PROCEDURE ZEILE;
0028   02             BEGIN
0029   02                INTEGER ANZ;
0030   03                REAL PRS,EPR;
0031   03                OUTTEXT(SYSIN.IMAGE.SUB(6,40));
0032   03                ANZ := SYSIN.IMAGE.SUB(6,5).GETINT;
0033   03                PRS := SYSIN.IMAGE.SUB(36,10).GETREAL;
0034   03                EPR := ANZ*PRS;
0035   03                OUTFIX(EPR,2,10); OUTIMAGE;
0036   03                SUM := SUM+EPR;
0037   03             END;
```

```
0038    02              PROCEDURE SUMME(KDNR);
0039    02                 INTEGER KDNR;
0040    02                 BEGIN
0041    02                    SYSOUT.SETPOS(41);
0042    03                    OUTFIX(SUM,2,10);
0043    03                    OUTIMAGE;
0044    03                 END;

0045    02                 PROCEDURE SCHLIESSEN;
0046    02                    KDAT.CLOSE;

0047    02                 INIMAGE;
0048    02                 DATUM :- NEWTEXT(SYSIN.IMAGE.SUB(1,8));
0049    02                 KDAT :- NEW INFILE(5);
0050    02                 KDAT.OPEN(BLANKS(80));
0051    02              END; $  ENDE DER KLASSE RECHNUNG  $

0052    01              INTEGER KNUM,N;
0053    01              REF(RECHNUNG) R;
0054    01              R :- NEW RECHNUNG;
0055    01              INIMAGE;
0056    01              KNUM := SYSIN.IMAGE.SUB(1,5).GETINT;
0057    01              R.ANSCHR(KNUM);  R.ZEILE;
0058    01           EINGABE:
0059    01              INIMAGE;
0060    01              IF ENDFILE THEN
0061    01                 BEGIN
0062    01                    R.SUMME(KNUM);
0063    02                    R.SCHLIESSEN;
0064    02                    PAGE;
0065    02                    STOP;
0066    02                 END;
0067    01              N := SYSIN.IMAGE.SUB(1,5).GETINT;
0068    01              IF N = KNUM THEN R.ZEILE
0069    01                       ELSE
0070    01                       BEGIN
0071    01                          R.SUMME(KNUM);
0072    02                          KNUM := N;
0073    02                          R.ANSCHR(KNUM);
0074    02                       END;
0075    01              GOTO EINGABE;
0076    01           END#
```

```
15.09.75                                              ⎫
    2   50KL. TISCHE                      178.30      ⎬  eingegebene Daten
    2   3COUCH                            627.90      ⎭
```

Als Ausgabe erhält man:

```
                                              15.09.75

        SCHMIDT
        28 BREMEN
        POSTFACH



        50KL. TISCHE                178.30    8915.00
          3COUCH                    627.90    1883.70
                                             10798.70
```

Zu Beispiel 11.1 (Seite 134)

```
0001   00          BEGIN $  ***   BEISPIEL 11.1   ***   $
0002   00            REAL X;
0003   01            REAL ARRAY GR(1:2);
0004   01            REF(HALB) P1,P2;

0005   01            REAL PROCEDURE F(X);
0006   01              REAL X;
0007   01              F := LN(X)-2;

0008   01            CLASS HALB(K);
0009   01              INTEGER K;
0010   01              BEGIN
0011   01                REF(HALB) V;
0012   02                REAL Z,Y;
0013   02                Z := F(GR(K));
0014   02                SYSOUT.SETPOS(1+(K-1)*25);
0015   02                OUTFIX(GR(K),4,10); OUTREAL(Z,4,15); OUTIMAGE;
0016   02                DETACH;
0017   02      BER:
0018   02                X := (GR(1)+GR(2))*0.5;
0019   02                Y := F(X);
0020   02                SYSOUT.SETPOS(1+(K-1)*25);
0021   02                OUTFIX(X,4,10); OUTREAL(Y,4,15); OUTIMAGE;
0022   02                IF ABS(Y) < @-4 THEN DETACH;
0023   02                IF SIGN(Y) /= SIGN(Z) THEN RESUME(V);
0024   02                GR(K) := X;
0025   02                GOTO BER;
0026   02              END;

0027   01            GR(1) := 1; GR(2) := 10;
0028   01            P1 :- NEW HALB(1);
0029   01            P2 :- NEW HALB(2);
0030   01            P1.V :- P2;
0031   01            P2.V :- P1;
0032   01            RESUME(P1);
0033   01            OUTFIX(X,4,10); OUTIMAGE;
0034   01          END#
```

```
  1.0000     -2.0000@+00
                              10.0000      3.0258@-01
  5.5000     -2.9525@-01
  7.7500      4.7692@-02
                               7.7500      4.7692@-02
                               6.6250     -1.0915@-01

  7.1875     -2.7657@-02
  7.4688      1.0726@-02
                               7.3281     -8.2807@-03

  7.3984      1.2683@-03
                               7.3633     -3.4952@-03

  7.3809     -1.1110@-03
  7.3896      8.0109@-05
  7.3896
EXECUTION TERMINEE
```

⎫ Zwischenergebnisse
  (Ausgabe durch
  die Klassen-
  inkarnationen)

⟵ gesuchte Nullstelle

<u>Zu Beispiel 11.2 (Seite 138)</u>

```
0001   00        BEGIN  $  ***  BEISPIEL 11.2 ERSTE LOESUNG  ***  $
0002   00           INTEGER AB,AUF,U,ANZ,N,NMAX;
0003   01           REF(SPIELER) H,ANF;

0004   01          CLASS SPIELER(N);
0005   01             INTEGER N;
0006   01              BEGIN
0007   01                 REF(SPIELER) NAECHST;
0008   02                 INTEGER HOEHE,DIFF;
0009   02                 DETACH;
0010   02       WUERFELN:
0011   02                 DIFF := RANDINT(AB,AUF,U);
0012   02                 IF DIFF = 0 THEN GOTO WUERFELN;
0013   02                 HOEHE := HOEHE+DIFF;
0014   02                 IF HOEHE < 0 THEN HOEHE := 0;
0015   02                 SYSOUT.SETPOS(20+N*5); OUTINT(HOEHE,5);
0016   02                 OUTIMAGE;
0017   02                 ANZ := ANZ+1;
0018   02                 IF HOEHE < 36 THEN
0019   02                 BEGIN
0020   02                    RESUME(NAECHST);
0021   03                    GOTO WUERFELN;
0022   03                 END;
0023   02                 DETACH;
0024   02              END;

0025   01           U := 17;
0026   01           AB := -2; AUF := 4; NMAX := 4;
0027   01           ANF :- H :- NEW SPIELER(1);
0028   01           FOR N := 2 STEP 1 UNTIL NMAX DO
0029   01           BEGIN
0030   01              H.NAECHST :- NEW SPIELER(N);
0031   02              H :- H.NAECHST;
0032   02           END;
0033   01           H.NAECHST :- ANF;
0034   01           ANZ := 0;
0035   01           RESUME(ANF);
0036   01           OUTTEXT('ZAHL DER WUERFE PRO SPIELER');
0037   01           OUTFIX(ANZ/NMAX,2,7); OUTIMAGE;
0038   01        END#
```

```
                   4
                      0
                         4
                            1
                   5
                      0
                         5
                            2
                   7
                      0
                         4
                            0
                   5
                      4
                         5
                            3
                   8
```

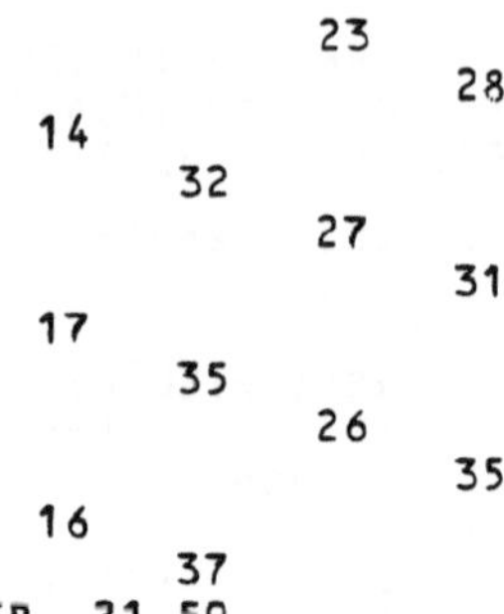

```
                                        23
                                             28
                        14
                            32
                                    27
                                          31
                        17
                            35
                                  26
                                        35
                    16
                        37
ZAHL DER WUERFE PRO SPIELER  21.50
EXECUTION TERMINEE
```

Hinweis: Da der Funktionsprozedur RANDINT ein maschinenab-
         hängiger "Zufallszahlengenerator" zugrunde liegt,
         braucht ein identisches Programm auf unterschiedlichen
         Rechenanlagen nicht denselben Spielverlauf zu liefern.

Zu Beispiel 11.2 (Seite 138) - alternative Lösung -

```
0001    00        BEGIN  $  ***  BEISPIEL 11.2 ZWEITE LOESUNG  ***  $
0002    00           INTEGER AB,AUF,U,ANZ,N,NMAX,SP,J;
0003    01           REF(SPIELER) H,ANF;
0004    01           REAL MW,MITTEL;
0005    01           CLASS SPIELER;
0006    01           BEGIN
0007    01              REF(SPIELER) NAECHST;
0008    02              INTEGER HOEHE,DIFF;
0009    02              DETACH;
0010    02        WUERFELN:
0011    02              DIFF := RANDINT(AB,AUF,U);
0012    02              IF DIFF = 0 THEN GOTO WUERFELN;
0013    02              HOEHE := HOEHE+DIFF;
0014    02              IF HOEHE < 0 THEN HOEHE := 0;
0015    02              ANZ := ANZ+1;
0016    02              IF HOEHE < 36 THEN
0017    02              BEGIN
0018    02                 RESUME(NAECHST);
0019    03                 GOTO WUERFELN;
0020    03              END;
0021    02              DETACH;
0022    02              GOTO WUERFELN;
0023    02           END;
```

```
0024      01              U := 17;
0025      01              PAGE;
0026      01            EINGABE:
0027      01              INIMAGE; IF ENDFILE THEN STOP;
0028      01              AB := ININT; AUF := ININT;
0029      01              NMAX := ININT; SP := ININT;
0030      01              MITTEL := 0;
0031      01              ANF :- H :- NEW SPIELER;
0032      01              FOR N := 2 STEP 1 UNTIL NMAX DO
0033      01              BEGIN
0034      01                 H.NAECHST :- NEW SPIELER;
0035      02                 H :- H.NAECHST;
0036      02              END;
0037      01              H.NAECHST :- ANF;
0038      01              J := 1;
0039      01              WHILE J <= SP DO
0040      01              BEGIN
0041      01                 ANZ := 0;
0042      02                 RESUME(ANF);
0043      02                 OUTTEXT('SPIEL NR:'); OUTINT(J,3);
0044      02                 OUTTEXT(' AB:'); OUTINT(AB,3);
0045      02                 OUTTEXT(' AUF:'); OUTINT(AUF,3);
0046      02                 OUTTEXT(' MITSPIELER:'); OUTINT(NMAX,3);
0047      02                 OUTTEXT(' ZAHL DER WUERFE:');
0048      02                 MW := ANZ/NMAX; OUTFIX(MW,2,7);
0049      02                 OUTIMAGE;
0050      02                 MITTEL := MITTEL+MW;
0051      02                 H :- ANF;
0052      02                 FOR N := 1 STEP 1 UNTIL NMAX DO
0053      02                 BEGIN
0054      02                    H.HOEHE := 0;
0055      03                    H :- H.NAECHST;
0056      03                 END;
0057      02                 J := J+1;
0058      02              END;
0059      01              MITTEL := MITTEL/SP;
0060      01              OUTIMAGE;
0061      01              OUTTEXT('MITTELWERT UEBER'); OUTINT(SP,3);
0062      01              OUTTEXT(' RUNDEN');
0063      01              OUTFIX(MITTEL,2,7);
0064      01              OUTIMAGE; OUTIMAGE;
0065      01              GOTO EINGABE;
0066      01            END#
```

```
 -1   4   4   5  ⎫
 -2   4   4   5  ⎪
 -3   4   4   5  ⎪
 -4   4   4   5  ⎬  eingegebene Daten
 -1   4   8   5  ⎪
 -2   4   8   5  ⎪
 -3   4   8   5  ⎪
 -4   4   8   5  ⎭
```

```
SPIEL NR:  1 AB: -1 AUF:  4 MITSPIELER:  4 ZAHL DER WUERFE:  16.75
SPIEL NR:  2 AB: -1 AUF:  4 MITSPIELER:  4 ZAHL DER WUERFE:  14.50
SPIEL NR:  3 AB: -1 AUF:  4 MITSPIELER:  4 ZAHL DER WUERFE:  14.50
SPIEL NR:  4 AB: -1 AUF:  4 MITSPIELER:  4 ZAHL DER WUERFE:  14.75
SPIEL NR:  5 AB: -1 AUF:  4 MITSPIELER:  4 ZAHL DER WUERFE:  17.75

MITTELWERT UEBER  5 RUNDEN  15.65

SPIEL NR:  1 AB: -2 AUF:  4 MITSPIELER:  4 ZAHL DER WUERFE:  25.50
SPIEL NR:  2 AB: -2 AUF:  4 MITSPIELER:  4 ZAHL DER WUERFE:  20.00
SPIEL NR:  3 AB: -2 AUF:  4 MITSPIELER:  4 ZAHL DER WUERFE:  21.50
SPIEL NR:  4 AB: -2 AUF:  4 MITSPIELER:  4 ZAHL DER WUERFE:  20.50
SPIEL NR:  5 AB: -2 AUF:  4 MITSPIELER:  4 ZAHL DER WUERFE:  18.00

MITTELWERT UEBER  5 RUNDEN  21.10

SPIEL NR:  1 AB: -3 AUF:  4 MITSPIELER:  4 ZAHL DER WUERFE:  34.25
SPIEL NR:  2 AB: -3 AUF:  4 MITSPIELER:  4 ZAHL DER WUERFE:  27.50
SPIEL NR:  3 AB: -3 AUF:  4 MITSPIELER:  4 ZAHL DER WUERFE:  37.00
SPIEL NR:  4 AB: -3 AUF:  4 MITSPIELER:  4 ZAHL DER WUERFE:  12.50
SPIEL NR:  5 AB: -3 AUF:  4 MITSPIELER:  4 ZAHL DER WUERFE:  18.00

MITTELWERT UEBER  5 RUNDEN  25.85

SPIEL NR:  1 AB: -4 AUF:  4 MITSPIELER:  4 ZAHL DER WUERFE:  32.25
SPIEL NR:  2 AB: -4 AUF:  4 MITSPIELER:  4 ZAHL DER WUERFE:  57.50
SPIEL NR:  3 AB: -4 AUF:  4 MITSPIELER:  4 ZAHL DER WUERFE:  29.00
SPIEL NR:  4 AB: -4 AUF:  4 MITSPIELER:  4 ZAHL DER WUERFE:  57.00
SPIEL NR:  5 AB: -4 AUF:  4 MITSPIELER:  4 ZAHL DER WUERFE:  31.75

MITTELWERT UEBER  5 RUNDEN  41.50

SPIEL NR:  1 AB: -1 AUF:  4 MITSPIELER:  8 ZAHL DER WUERFE:  15.38
SPIEL NR:  2 AB: -1 AUF:  4 MITSPIELER:  8 ZAHL DER WUERFE:  13.75
SPIEL NR:  3 AB: -1 AUF:  4 MITSPIELER:  8 ZAHL DER WUERFE:  14.75
SPIEL NR:  4 AB: -1 AUF:  4 MITSPIELER:  8 ZAHL DER WUERFE:  15.00
SPIEL NR:  5 AB: -1 AUF:  4 MITSPIELER:  8 ZAHL DER WUERFE:  14.25

MITTELWERT UEBER  5 RUNDEN  14.63

SPIEL NR:  1 AB: -2 AUF:  4 MITSPIELER:  8 ZAHL DER WUERFE:  19.00
SPIEL NR:  2 AB: -2 AUF:  4 MITSPIELER:  8 ZAHL DER WUERFE:  18.50
SPIEL NR:  3 AB: -2 AUF:  4 MITSPIELER:  8 ZAHL DER WUERFE:  20.63
SPIEL NR:  4 AB: -2 AUF:  4 MITSPIELER:  8 ZAHL DER WUERFE:  21.00
SPIEL NR:  5 AB: -2 AUF:  4 MITSPIELER:  8 ZAHL DER WUERFE:  17.25

MITTELWERT UEBER  5 RUNDEN  19.27

SPIEL NR:  1 AB: -3 AUF:  4 MITSPIELER:  8 ZAHL ---
SPIEL NR:  2 AB: -3 ...
```

Mit dem angegebenen Programm kann man austesten, wie sich die
Spieldauer (gemessen durch die Zahl der Würfe jedes einzelnen
Mitspielers) verändern würde, wenn man

    - den Würfel verändern könnte oder

    - die Anzahl der Mitspieler variiert.

<u>Zu Aufgabe 11.1 (Seite 141)</u>

```
0001      00         BEGIN  $  ***   AUFGABE 11.1   ***   $
0002      00            CHARACTER ARRAY S(2:4);
0003      01            REF(ZEICHN) ARRAY P(2:4);
0004      01            REAL X,DX;
0005      01            REAL ARRAY WERTE(0:50);
0006      01            INTEGER K,J,N;

0007      01            REAL PROCEDURE T(N,X);
0008      01               INTEGER N; REAL X;
0009      01               BEGIN
0010      01                  IF N = 0 THEN T := 1;
0011      02                  IF N = 1 THEN T := X;
0012      02                  IF N >= 2 THEN T := 2*X*T(N-1,X)-T(N-2,X);
0013      02               END;

0014      01            CLASS ZEICHN(W,Z);
0015      01               VALUE W;
0016      01               REAL ARRAY W; CHARACTER Z;
0017      01               BEGIN
0018      01                  INTEGER K1;
0019      02                  REAL WMIN,WMAX;
0020      02                  WMIN := WMAX := W(0);
0021      02                  FOR K1 := 1 STEP 1 UNTIL K DO
0022      02                  BEGIN
0023      02                     IF WMIN > W(K1) THEN WMIN := W(K1);
0024      03                     IF WMAX < W(K1) THEN WMAX := W(K1);
0025      03                  END;
0026      02         AUSG:
0027      02                  DETACH;
0028      02                  SYSOUT.SETPOS(10+100*(W(J)-WMIN)/(WMAX-WMIN));
0029      02                  OUTCHAR(Z);
0030      02                  GOTO AUSG;
0031      02               END;

0032      01            S(2) := "*"; S(3) := "+"; S(4) := "#";
0033      01            K := 50; DX := 2/K;
0034      01            FOR N := 2 STEP 1 UNTIL 4 DO
0035      01            BEGIN
0036      01               X := -1;
0037      02               FOR J := 0 STEP 1 UNTIL K DO
0038      02               BEGIN
0039      02                  WERTE(J) := T(N,X);
0040      03                  X := X+DX;
0041      03               END;
0042      02               P(N) :- NEW ZEICHN(WERTE,S(N));
0043      02            END;
0044      01            PAGE; LINESPERPAGE(56);
0045      01            X := -1; J := 0;
0046      01            WHILE X <= 1+DX*0.5 DO
0047      01            BEGIN
0048      01               OUTFIX(X,2,8);
0049      02               RESUME(P(2));
0050      02               RESUME(P(3));
0051      02               RESUME(P(4));
0052      02               OUTIMAGE;
0053      02               X := X+DX; J := J+1;
0054      02            END;
0055      01         END#
```

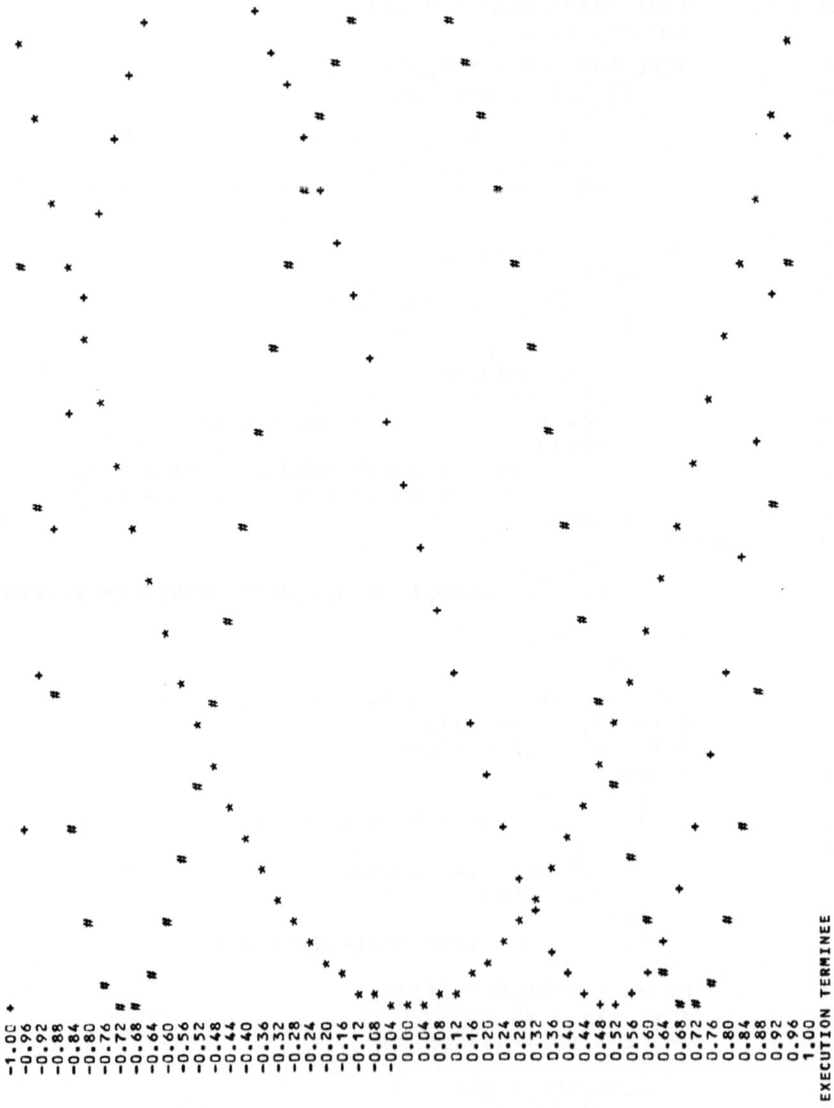

EXECUTION TERMINEE

Für die Berechnung der Polynomwerte wurde die rekursive
Prozedur T(N,X) von Beispiel 7.1 (Seite 93) benutzt. - In der
Deklaration der Klasse ZEICHN ist die Spezifikation VALUE W;
für den Vektor W von entscheidender Bedeutung. Ohne diese Angabe
würde der aktuelle Vektor WERTE durch "call by referenz" übergeben,
womit alle Inkarnationen auf denselben Vektor WERTE des Haupt-
programms Bezug nehmen würden. Durch die Spezifikation

        VALUE W;

wird veranlaßt, daß im Augenblick der Inkarnation der Klasse
ZEICHN eine Kopie des aktuellen Parameters WERTE mit dessen
momentanen Werten angelegt wird.

   Nach der Anweisung

        P(N) :- NEW ZEICHN(WERTE,S(N));

wird für jeden Vektor WERTE getrennt der maximale und der
minimale Wert gesucht. Auf diese Weise wird für jede Wertefolge
ein gesonderter Abbildungsmaßstab ermittelt.(Will man alle Kurven
im gleichen Maßstab zeichnen lassen, muß man WMIN und WMAX im
umfassenden Block als Variable vereinbaren. Im Falle der Tschebyscheff-Polynome sind die minimalen Werte und die maximalen Werte
allerdings untereinander gleich).

   Mit der ersten Anweisung

        DETACH;

wird die Folge der Anweisungen in der Inkarnation der Klasse ZEICHN
unterbrochen. Erst mit den späteren Anweisungen

        RESUME(P(2));
        RESUME(P(3));
        RESUME(P(4));

im Hauptprogramm wird die Ausführung der drei Ko-Routinen, auf die
die Referenzvariablen P(2), P(3) und P(4) verweisen, wieder aufgenommen.

   Man beachte, daß der Index J in dem arithmetischen Ausdruck

        1o+1oo*(W(J)-WMIN)/(WMAX-WMIN)

zum Setzen des Ausgabezeigers als globale Variable an die Ko-
Routinen übermittelt wird.

Zu Beispiel 12.1 (Seite 142)

```
0001    00          BEGIN  $  ***   BEISPIEL 12.1   ***   $
0002    00          SIMULATION
0003    01          BEGIN
0004    01             INTEGER AB,AUF,U,ANZ,N,NMAX,SP,J;
0005    02             REAL MW,MITTEL;
0006    02             REF(SPIELER) H,ANF;

0007    02             PROCESS CLASS SPIELER;
0008    02                BEGIN
0009    02                   REF(SPIELER) NAECHST;
0010    03                   INTEGER HOEHE,DIFF;
0011    03          WUERFELN:
0012    03                   DIFF := RANDINT(AB,AUF,U);
0013    03                   IF DIFF = 0 THEN GOTO WUERFELN;
0014    03                   HOEHE := HOEHE+DIFF;
0015    03                   ANZ := ANZ+1;
0016    03                   IF HOEHE < 0 THEN HOEHE := 0;
0017    03                   IF HOEHE < 36 THEN
0018    03                   BEGIN
0019    03                      ACTIVATE NAECHST QUA PROCESS AFTER CURRENT;
0020    04                      PASSIVATE;
0021    04                      GOTO WUERFELN;
0022    04                   END;
0023    03                END;

0024    02             U := 17;
0025    02             PAGE;
0026    02          EINGABE:
0027    02             INIMAGE; IF ENDFILE THEN STOP;
0028    02             AB := ININT; AUF := ININT;
0029    02             NMAX := ININT; SP := ININT;
0030    02             MITTEL := 0;
0031    02             FOR J := 1 STEP 1 UNTIL SP DO
0032    02             BEGIN
0033    02                H :- ANF :- NEW SPIELER;
0034    03                FOR N := 2 STEP 1 UNTIL NMAX DO
0035    03                BEGIN
0036    03                   H.NAECHST :- NEW SPIELER;
0037    04                   H :- H.NAECHST;
0038    04                END;
0039    03                H.NAECHST :- ANF;
0040    03                ANZ := 0;
0041    03                ACTIVATE ANF QUA PROCESS;
0042    03                OUTTEXT('SPIEL NR:'); OUTINT(J,3);
0043    03                OUTTEXT(' AB:'); OUTINT(AB,3);
0044    03                OUTTEXT(' AUF:'); OUTINT(AUF,3);
0045    03                OUTTEXT(' MITSPIELER:'); OUTINT(NMAX,3);
0046    03                MW := ANZ/NMAX;
0047    03                OUTTEXT(' ZAHL DER WUERFE:');
0048    03                OUTFIX(MW,2,7); OUTIMAGE;
0049    03                MITTEL := MITTEL+MW;
0050    03                FOR N := 1 STEP 1 UNTIL NMAX DO
0051    03                BEGIN
0052    03                   H :- ANF.NAECHST;
0053    04                   TERMINATE(ANF QUA PROCESS);
0054    04                   ANF :- H;
0055    04                END;
0056    03             END;
```

```
0057     02             MITTEL := MITTEL/SP;
0058     02             OUTIMAGE;
0059     02             OUTTEXT('MITTELWERT UEBER'); OUTINT(SP,3);
0060     02             OUTTEXT(' RUNDEN:'); OUTFIX(MITTEL,2,8);
0061     02             OUTIMAGE; OUTIMAGE;
0062     02             GOTO EINGABE;
0063     02           END;
0064     01           END#
```

```
-1   4   4   5  ⎤
-2   4   4   5  ⎥
-3   4   4   5  ⎥
-4   4   4   5  ⎥
-1   4   8   5  ⎬   eingegebene Daten
-2   4   8   5  ⎥
-3   4   8   5  ⎥
-4   4   8   5  ⎦
```

```
SPIEL NR:  1 AB: -1 AUF:   4 MITSPIELER:   4 ZAHL DER WUERFE:   16.75
SPIEL NR:  2 AB: -1 AUF:   4 MITSPIELER:   4 ZAHL DER WUERFE:   14.50
SPIEL NR:  3 AB: -1 AUF:   4 MITSPIELER:   4 ZAHL DER WUERFE:   14.50
SPIEL NR:  4 AB: -1 AUF:   4 MITSPIELER:   4 ZAHL DER WUERFE:   14.75
SPIEL NR:  5 AB: -1 AUF:   4 MITSPIELER:   4 ZAHL DER WUERFE:   17.75

MITTELWERT UEBER  5 RUNDEN:    15.65

SPIEL NR:  1 AB: -2 AUF:   4 MITSPIELER:   4 ZAHL DER WUERFE:   25.50
SPIEL NR:  2 AB: -2 AUF:   4 MITSPIELER:   4 ZAHL DER WUERFE:   20.00
SPIEL NR:  3 AB: -2 AUF:   4 MITSPIELER:   4 ZAHL DER WUERFE:   21.50
SPIEL NR:  4 AB: -2 AUF:   4 MITSPIELER:   4 ZAHL DER WUERFE:   20.50
SPIEL NR:  5 AB: -2 AUF:   4 MITSPIELER:   4 ZAHL DER WUERFE:   18.00

MITTELWERT UEBER  5 RUNDEN:    21.10

SPIEL NR:  1 AB: -3 AUF:   4 MITSPIELER:   4 ZAHL DER WUERFE:   34.25
SPIEL NR:  2 AB: -3 AUF:   4 MITSPIELER:   4 ZAHL DER WUERFE:   27.50
SPIEL NR:  3 AB: -3 AUF:   4 MITSPIELER:   4 ZAHL DER WUERFE:   37.00
SPIEL NR:  4 AB: -3 AUF:   4 MITSPIELER:   4 ZAHL DER WUERFE:   12.50
SPIEL NR:  5 AB: -3 AUF:   4 MITSPIELER:   4 ZAHL DER WUERFE:   18.00

MITTELWERT UEBER  5 RUNDEN:    25.85

SPIEL NR:  1 AB: -4 AUF:   4 MITSPIELER:   4 ZAHL DER WUERFE:   32.25
SPIEL NR:  2 AB: -4 AUF:   4 MITSPIELER:   4 ZAHL DER WUERFE:   57.50
SPIEL NR:  3 AB: -4 AUF:   4 MITSPIELER:   4 ZAHL DER WUERFE:   20.00
SPIEL NR:  4 AB: -4 AUF:   4 MITSPIELER:
SPIEL NR:  5 AB: -4
```

Zu Aufgabe 12.1 (Seite 146)

```
0001     00           BEGIN  $  ***   AUFGABE 12.1   ***   $
0002     00           SIMULATION
0003     01           BEGIN
0004     01             INTEGER U,STM,SP,N,M;
0005     02             INTEGER ARRAY FELD(1:2,1:6,1:5);
0006     02             REF(SPIELER) H,ANF;
```

```
0007    02              PROCESS CLASS SPIELER(STM); INTEGER STM;
0008    02              BEGIN
0009    02                 INTEGER PUNKTE,P2,P3,W,STE;
0010    03                 REF(SPIELER) NAECHST;
0011    03                 STE := STM;
0012    03          WURF:
0013    03                 P2 := RANDINT(1,6,U); P3 := RANDINT(1,5,U);
0014    03                 W := FELD(1,P2,P3) := FELD(1,P2,P3)+1;
0015    03                 PUNKTE := PUNKTE+W*FELD(2,P2,P3);
0016    03                 ACTIVATE NAECHST QUA PROCESS AFTER CURRENT;
0017    03                 PASSIVATE;
0018    03                 STE := STE-1;
0019    03                 IF STE > 0 THEN GOTO WURF;
0020    03              END;

0021    02              FOR N := 1 STEP 1 UNTIL 6 DO
0022    02                 FOR M := 1 STEP 1 UNTIL 5 DO
0023    02                    FELD(2,N,M) := 10;
0024    02              FOR N := 2 STEP 1 UNTIL 5 DO
0025    02                 FOR M := 2 STEP 1 UNTIL 4 DO
0026    02                    FELD(2,N,M) := 30;
0027    02              FELD(2,3,3) := 100;
0028    02              FELD(2,4,3) := 50;
0029    02              U := 19; SP := 8 ; STM := 7;
0030    02              H :- ANF :- NEW SPIELER(STM);
0031    02              FOR N := 2 STEP 1 UNTIL SP DO
0032    02              BEGIN
0033    02                 H.NAECHST :- NEW SPIELER(STM);
0034    03                 H :- H.NAECHST;
0035    03              END;
0036    02              H.NAECHST :- ANF;
0037    02              ACTIVATE ANF QUA PROCESS;
0038    02              H :- ANF; M := 0;
0039    02              FOR N := 1 STEP 1 UNTIL SP DO
0040    02              BEGIN
0041    02                 M := M+H.PUNKTE;
0042    03                 OUTTEXT('SPIELER NR:'); OUTINT(N,3);
0043    03                 OUTTEXT(' ERREICHTE PUNKTE:');
0044    03                 OUTINT(H.PUNKTE,5); OUTIMAGE;
0045    03                 TERMINATE(ANF QUA PROCESS);
0046    03                 H :- ANF :- H.NAECHST;
0047    03              END;
0048    02              OUTTEXT('MITTLERE PUNKTZAHL PRO SPIELER:');
0049    02              OUTFIX(M/SP,2,8); OUTIMAGE;
0050    02           END;
0051    01           END#
```

```
SPIELER NR:  1 ERREICHTE PUNKTE:   230
SPIELER NR:  2 ERREICHTE PUNKTE:   240
SPIELER NR:  3 ERREICHTE PUNKTE:   160
SPIELER NR:  4 ERREICHTE PUNKTE:   260
SPIELER NR:  5 ERREICHTE PUNKTE:   210
SPIELER NR:  6 ERREICHTE PUNKTE:   300
SPIELER NR:  7 ERREICHTE PUNKTE:   160
SPIELER NR:  8 ERREICHTE PUNKTE:   390
MITTLERE PUNKTZAHL PRO SPIELER:  243.75
EXECUTION TERMINEE
```

<u>Zu Aufgabe 12.2 (Seite 152)</u>

Die Klasse BENUTZER wird durch das Klassenpräfix LINK in
der Anweisung

    LINK CLASS BENUTZER(NR);

in die Umgebung der Klasse SIMSET eingebettet, die das Eintragen in entsprechende Warteschlangen ermöglicht. Hierzu ist
im weiteren Programmablauf noch die Anweisung

    SCHLANGE :- NEW HEAD;

erforderlich. Nach der Schaffung einer Inkarnation der Klasse
BENUTZER durch die Anweisung

    V :- NEW BENUTZER(N);

wird bei der Ausführung von deren Anweisungen

1) die Einfügung in die Warteschlange vorgenommen
   (durch die Anweisung (INTO(SCHLANGE);)

2) bestimmt, wie lange der Job dieses Benutzers den Kartenleser belegen wird (festgehalten in der Variablen DT);

3) der Kartenleser KL aktiviert, falls er im Zustand
   "passiv" war (womit dann KL.IDLE den Wert TRUE besaß).

In der Klasse LESER wird der Kartenleser simuliert. Falls die
Warteschlange SCHLANGE leer ist, geht der Kartenleser in den
Zustand passiv über (womit KL.IDLE den Wert TRUE erhält). Ist
dagegen die Warteschlange nicht leer, wird der Referenzvariablen
H der Bezug auf eine Inkarnation von BENUTZER zugewiesen, auf
die mittels SCHLANGE.FIRST verwiesen wird (dies ist der momentan
erste Benutzer in der Warteschlange).

Durch die Anweisung

    HOLD(H.DT);

wird die Ausführung der Anweisungen der Inkarnation der Klasse
LESER für die Zeit H.DT unterbrochen. In dieser Zeitspanne werden
die Karten des entsprechenden Benutzers gelesen. Das Verfahren KL
besitzt den Zustand "vorgemerkt" und ist damit für andere Benutzer
nicht verfügbar.

Nach der Zeitspanne H.DT wird das Verfahren KL wieder aktiv,
d.h. es werden die nachfolgenden Anweisungen ausgeführt. Damit
wird durch

       H.OUT;

der gerade "bediente" Benutzer aus der Warteschlange herausgenommen und zu der Marke EIN verzweigt. Zusätzlich werden einige
Informationen zur Kontrolle ausgedruckt.

Nach der Schleife im Hauptprogramm, in der die neuen Benutzer
geschaffen und in die Warteschlange eingefügt werden, muß die
Anweisung

       WHILE NOT KL.IDLE DO HOLD(1);

eingegeben werden. Sie bewirkt, daß das Hauptprogramm so lange
wartet, bis der Kartenleser die restlichen Karten der Benutzer
eingelesen hat. Erst dann, wenn der Kartenleser KL "passiv" wird,
womit die Größe KL.IDLE den Wert TRUE erhält, dürfen die anschließenden Anweisungen ausgeführt werden.

```
0001   00      BEGIN  $  ***  AUFGABE 12.2  ***  $
0002   00      SIMULATION
0003   01      BEGIN
0004   01         INTEGER N,NMAX,U,NWL;
0005   02         REAL LESEZEIT,WBEN,WL;
0006   02         REF(BENUTZER) V;
0007   02         REF(LESER) KL;
0008   02         REF(HEAD) SCHLANGE;

0009   02         LINK CLASS BENUTZER(NR); INTEGER NR;
0010   02         BEGIN
0011   02            REAL DT,TB;
0012   03            INTO(SCHLANGE);
0013   03            TB := TIME;
0014   03            DT := RANDINT(1,8,U);
0015   03            OUTFIX(TIME,0,6);
0016   03            OUTINT(NR,3); OUTINT(SCHLANGE.CARDINAL,3);
0017   03            OUTIMAGE;
0018   03            IF KL.IDLE THEN ACTIVATE KL QUA PROCESS;
0019   03         END;

0020   02         PROCESS CLASS LESER;
0021   02         BEGIN
0022   02            REF(BENUTZER) H;
0023   03            REAL T;
0024   03      EIN:
0025   03            IF SCHLANGE.EMPTY THEN
0026   03               BEGIN
0027   03                  T := TIME;
0028   04                  PASSIVATE;
0029   04                  T := TIME-T;
0030   04                  WL := WL+T; NWL := NWL+1;
0031   04                  OUTFIX(TIME,0,6);
0032   04                  SYSOUT.SETPOS(31); OUTFIX(T,0,6);
0033   04                  OUTIMAGE;
0034   04               END;
```

```
0035   03              H :- SCHLANGE.FIRST;
0036   03              HOLD(H.DT);
0037   03              OUTFIX(TIME,0,6);
0038   03              T := TIME-H.TB;
0039   03              WBEN := WBEN+T;
0040   03              LESEZEIT := LESEZEIT+H.DT;
0041   03              H.OUT;
0042   03              SYSOUT.SETPOS(15); OUTINT(H.NR,3);
0043   03              OUTFIX(T,0,6); OUTFIX(H.DT,0,6);
0044   03              SYSOUT.SETPOS(10);
0045   03              OUTINT(SCHLANGE.CARDINAL,3);
0046   03              OUTIMAGE;
0047   03              GOTO EIN;
0048   03            END;

0049   02            U := 19; NMAX := 30;
0050   02            SCHLANGE :- NEW HEAD;
0051   02            KL :- NEW LESER;
0052   02            FOR N := 1 STEP 1 UNTIL NMAX DO
0053   02            BEGIN
0054   02               V :- NEW BENUTZER(N);
0055   03               HOLD(RANDINT(0,10,U));
0056   03            END;
0057   02            WHILE NOT KL.IDLE DO HOLD(1);
0058   02            OUTTEXT('MITTLERE BENUTZER-WARTEZEIT:');
0059   02            SYSOUT.SETPOS(36); OUTFIX(WBEN/NMAX,1,6); OUTIMAGE;
0060   02            OUTTEXT('MITTLERE LESEZEIT PRO JOB:');
0061   02            SYSOUT.SETPOS(36); OUTFIX(LESEZEIT/NMAX,1,6); OUTIMAGE;
0062   02            OUTTEXT('MITTLERE WARTEZEIT DES KARTENLESERS:');
0063   02            IF NWL > 0 THEN OUTFIX(WL/NWL,1,5)
0064   02                          ELSE OUTTEXT('   ***');
0065   02            OUTIMAGE;
0066   02            OUTTEXT('ANZAHL DER LESER-STOPS:');
0067   02            SYSOUT.SETPOS(36); OUTINT(NWL,4); OUTIMAGE;
0068   02          END;
0069   01          END#
```

TIME	NR	Größe der Schlange	NR	Warte-zeit	Lese-zeit	Wartezeit des Lesers
0	1	1				
2		0	1	2	2	
10	2	1				
10						8
14	3	2				
16	4	3				
18		2	2	8	8	
24	5	3				
26		2	3	12	8	
26	6	3				
29		2	4	13	3	
33	7	3				
34		2	5	10	5	
133		1	28	3	3	
137	30	2				
141		1	29	11	8	
144		0	30	7	3	

```
MITTLERE BENUTZER-WARTEZEIT:              10.3
MITTLERE LESEZEIT PRO JOB:                 4.4
MITTLERE WARTEZEIT DES KARTENLESERS:  2.8
ANZAHL DER LESER-STOPS:                      4
EXECUTION TERMINEE
```

<u>Anhang A</u> Interne Zahlendarstellung

Für die Speicherung von Zahlen (Typ INTEGER oder REAL) wird
von der Rechenanlage

     1 Wort

bereitgestellt. Dies ist eine Einheit von 32 Bits.*) Je nach
dem Typ der zu verschlüsselnden Zahl wird das Wort unterschiedlich strukturiert.

<u>I. Ganze Zahlen (Typ INTEGER)</u>

Jede ganze Zahl kann man als Dualzahl darstellen, z.B.

$$59_{dezimal} = \underline{1} \cdot 2^5 + \underline{1} \cdot 2^4 + \underline{1} \cdot 2^3 + \underline{0} \cdot 2^2 + \underline{1} \cdot 2^1 + \underline{1} \cdot 2^0$$
$$= 111011_{dual}$$

Die Ziffernfolge der Dualzahl wird rechtsbündig in dem Wort
gespeichert

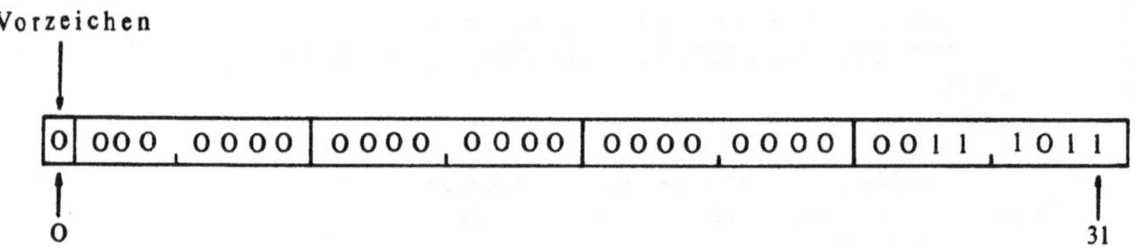

Da die Bit-Position 0 zur Verschlüsselung des Vorzeichens
benötigt wird, kann man ganze Zahlen

     von -2^{31} bis $2^{31}-1$

in einem Wort speichern. $(2^{31} = 2\ 147\ 483\ 647 \sim 2 \cdot 10^9)$

---

*) Die Anzahl der Bits kann bei verschiedenen Typen von
   Rechenanlagen unterschiedlich sein.

II Normalisierte Zahlen (Typ REAL)

Jede Zahl z, die von Null verschieden ist, kann man in der
Form

$$z = b \cdot 10^e \qquad \frac{1}{10} \leq |b| < 1$$

normalisieren.

Beispiel
$$0{,}001273 \;=\; 0{,}1273 \cdot 10^{-2}$$

In der Rechenanlage werden die Zahlen nicht zur Basis 1o,
sondern zur Basis 16 normalisiert:

$$0{,}001273_{Dez} = 0{,}00536D65\ldots_{Hex} \sim 0{,}536D65_{Hex} \cdot 16^{-2}$$

es gilt also

$$z = b \cdot 16^e \qquad \text{wobei jetzt } \frac{1}{16} \leq |b| < 1 \text{ ist.}$$

Man unterteilt das Wort zur Aufnahme der Zahl in feste Bereiche

- für das Vorzeichen,
- für den Exponenten e und
- für den Bruch b (ohne Vorzeichen).

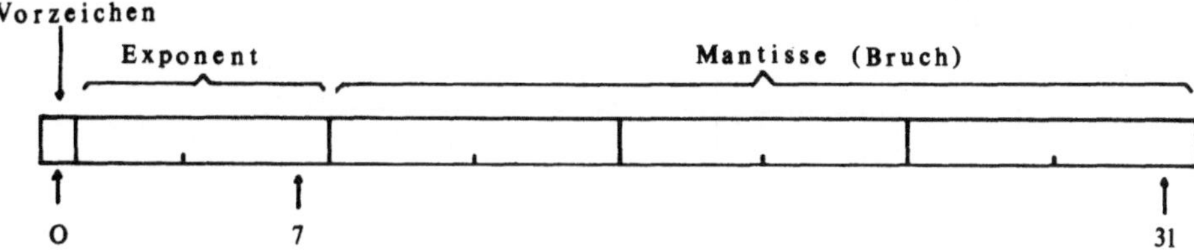

Um auch Zahlen mit negativem Exponenten verschlüsseln zu können,
wird der (externe) Exponent um 64 erhöht und dieser Wert im
Exponentenfeld rechtsbündig angegeben. Für den Wert 0,001273
erhält man also die interne Zahlendarstellung

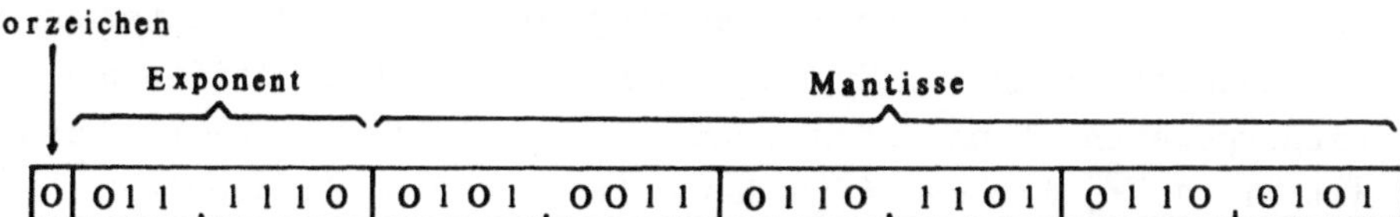

Wenn man je 4 Dualziffern zu einer Hexadezimalziffer zusammenfaßt, so erhält man als Verschlüsselung der Zahl 0,001273 in einem Wort:

3	.	E	5	.	3	6	.	D	6	.	5

Man kann Zahlen darstellen, die betragsmäßig zwischen

$$\frac{1}{16} \cdot 16^{-64} \qquad \text{und} \qquad (1 - 16^{-6}) \cdot 16^{63}$$

liegen. Diesen Werten entsprechen etwa

$$0,54 \cdot 10^{-78} \qquad \text{und} \qquad 7,2 \cdot 10^{75}.$$

Die Zahl Null wird dadurch verschlüsselt, daß alle Bits auf Null gesetzt werden.

Für die Genauigkeit der Zahlendarstellung gilt folgendes:
Für jede Zahl $z(\neq 0)$, die normalisiert ist, gilt

$$z = b \cdot 16^e \quad \text{wobei} \quad 0,1_{Hex} \leq |b| < 0,FFFFFF_{Hex} = 1-16^{-6} \text{ ist.}$$

Man erhält für die Differenz Δz zweier unmittelbar benachbarter Werte

$$\Delta z = 16^{-6} \cdot 16^e,$$

womit sich für den relativen Fehler $\left|\frac{\Delta z}{z}\right|$
die Einschließung

$$16^{-5} = \frac{16^{-6} \cdot 16^e}{0,1_{Hex} \cdot 16^e} \geq \left|\frac{\Delta z}{z}\right| \geq \frac{16^{-6} \cdot 16^e}{(1-16^{-6}) \cdot 16^e} \sim 16^{-6}$$

ergibt.

Der relative Fehler reicht also von

$$16^{-6} \quad \text{bis} \quad 16^{-5}$$

was etwa den Werten

$$10^{-7} \quad \text{bis} \quad 10^{-6}$$

entspricht, d.h. in der Rechenanlage werden bei der internen Zahlendarstellung vom Typ REAL nur 6 bis 7 Dezimalziffern korrekt wiedergegeben. Eine Abfrage auf einen relativen Fehler, der kleiner ist als 10^{-5}, ist damit in den meisten Fällen illusorisch.

Anhang B Vorgegebene Namen

I Reservierte Namen
(Diese Namen dürfen nicht neu definiert werden, eine Deklaration
führt zum Abbruch des Programms)

Name	Seite	Name	Seite
ACTIVATE	145f	NAME	87f
AFTER	145,147	NEW	1o6
AND	17	NONE	1o6
ARRAY	22,59	NOT	17
AT	147	NOTEXT	50
BEFORE	147	NULL	168
BEGIN	1,73	OR	17
BOOLEAN	16	OTHERWISE	-
CALL	-	PRIOR	148
CHARACTER	58	PROCEDURE	78,82
CLASS	1o5	QUA	144
DELAY	147	REACTIVATE	148
DETACH	134f	REAL	1,221
DO	18,19	REF	1o6
ELSE	159	RESUME	134f
END	18,73	SIMSET	15o
EQUIV	-	SIMULATION	142,153
EXIT	183	STEP	19
FALSE	17	STOP	168
FOR	19	SWITCH	-
GOTO	13	TEXT	49f
IF	15	THEN	15,159
IMPL	-	THIS	-
IN	-	TRUE	17
INNER	-	UNTIL	19
INSPECT	114,13o	VALUE	87,213
INTEGER	6,22o	VIRTUAL	-
IS	-	WHEN	-
LABEL	-	WHILE	18

II Vordefinierte Namen
   (Diese Namen dürfen neu definiert werden,
   sie verlieren dann aber ihre vorgegebene Bedeutung)

Name	Seite	Name	Seite	Name	Seite
ABS	100	FILE	127	LAST	152
ACCUM	153	FIRST	152	LASTITEM	–
ARCCOS		FLOAT	100	LENGTH	64
ARCSIN	100	FLOOR	100	LETTER	61
ARCTAN		FOLLOW	151	LINE	46
BLANKS	50	GETCHAR	63	LINEAR	–
CANCEL	148	GETFRAC	–	LINESPERPAGE	46
CARDINAL	152	GETINT	65	LINK	15o
CHAR	59	GETREAL	65	LINKAGE	–
CLEAR	152	HEAD	150	LN	100
CLOSE	130	HISTD	–	LOCATE	132
COPY	53	HISTO	–	LOCATION	132
COS		HOLD	148	LOG	
COSH	100	IABS	100	LOGN	100
COTG		IDLE	153	LOG10	
CURRENT	145,153	IMAGE	129	MAIN	55
DIGIT	62	IMAX	100	MAINPROGRAM	–
DIRECTFILE	131	IMIN	100	MAX	
DRAW	–	INCHAR	62	MIN	100
EJECT	47	INFRAC	–	MOD	
EMPTY	152	INFILE	130	MORE	64
ENDFILE	37	INIMAGE	30	NEGEXP	–
ENTIER	100	ININT	30	NEWTEXT	52
ERLANG	–	INREAL	31	NEXTEV	153
EVTIME	153	INTEXT	63	NORMAL	–
EXP	100	INTO	151		

Name	Seite	Name	Seite
OPEN	129	RANDINT	139
OUT	152	RANK	59
OUTCHAR	62	SETPOS	64
OUTFILE	128	SIGN	
OUTFIX	42	SIN	100
OUTFRAC	–	SINH	
OUTIMAGE	40	SPACING	47
OUTINT	41	SQRT	100
OUTREAL	43	STRIP	169
OUTTEXT	44	SUB	54
PAGE	46	SUC	–
PASSIVATE	145	SUIV	–
POISSON	–	SYSIN	130
PRECEDE	151	SYSOUT	129
PRED	–	TAN	
PREV	–	TANG	100
PROCESS	144	TANH	
POS	64	TERMINATE	145
PRINTFILE	127	TERMINATED	–
PUTCHAR	64	TIME	146
PUTFIX	67	TRACE	–
PUTFRAC	–	UNIFORM	–
PUTINT	67	UNITNUMBER	–
PUTREAL	67	UNTRACE	–
PUTTEXT	68	WAIT	153

Anhang C   In SIMULA benutzte Zeichen

I   Buchstaben
     Es werden die Großbuchstaben A,...,Z benutzt.

II   Ziffern
     Es werden die Dezimalziffern 1,..,9,0 benutzt.

III Sonderzeichen
     Es werden folgende Sonderzeichen bzw. Symbole benutzt

Zeichen	Bezeichnung	Seite
.	Dezimalpunkt	29,64,1o7
,	Komma	2
;	Semikolon	2
:	Doppelpunkt	15
( )	Klammer auf bzw. zu	8
+	Additionszeichen	
-	Subtraktionszeichen	
*	Multiplikationszeichen	7
/	Divisionszeichen	
=	Gleichheitszeichen	
>	größer	16,72
<	kleiner	
$	Dollarzeichen	4,29
	Leerzeichen ("blank")	4,57
"	Apostroph	58
'	Hochkomma	44
**	Exponentiation	7
//	INTEGER-Division	11
/=	ungleich	
>=	größer oder gleich	16,72
<=	kleiner oder gleich	
==	identischer Bezug/Verweis	72
:=	Wertzuweisung	3
:-	Referenz-Zuweisung	5o,1o6
=/=	nicht identischer Bezug/Verweis	72,113

Additional material from *Einführung in die Programmiersprache SIMULA,*
ISBN 978-3-528-03321-7, is available at http://extras.springer.com

uni—texte

Studienbücher

K. Brinkmann, Einführung in die elektrische Energiewirtschaft
für Elektrotechniker, Maschinenbauer, Verfahrenstechniker, Wirtschaftsingenieure
und Betriebswirtschaftler (im 2. Studienabschnitt)

G. Frühauf, Praktikum Elektrische Meßtechnik
für Elektrotechniker (3. und 4. Semester)

H. Gräser, Biochemisches Praktikum
für Biologen, Chemiker, Pharmazeuten und Mediziner (im 2. Studienabschnitt)

E. Henze / H. H. Homuth, Einführung in die Informationstheorie
für Mathematiker, Physiker und Elektrotechniker (3. Semester)

E. Henze / H. H. Homuth, Einführung in die Codierungstheorie
für Mathematiker, Informatiker, Naturwissenschaftler und Ingenieure (ab 3. Semester)

R. Jötten / H. Zürneck, Einführung in die Elektrotechnik I, II
für Elektrotechniker, Maschinenbauer und Wirtschaftsingenieure (1. bis 3. Semester)

K. F. Knoche, Technische Thermodynamik
für Studenten des Maschinenbaus und der Elektrotechnik (ab 1. Semester)

G. Kempter, Organisch-chemisches Praktikum
für Chemiker, Biologen und Mediziner (3. Semester)

K. Lemnitzer, Einführung in die Technik des Integrierens
Programm für Mathematiker, Naturwissenschaftler und Techniker (1. Semester)

W. Leonhard, Wechselströme und Netzwerke
für Elektrotechniker (3. Semester)

W. Leonhard, Einführung in die Regelungstechnik, Lineare Regelvorgänge
für Elektrotechniker, Physiker und Maschinenbauer (5. Semester)

W. Leonhard, Einführung in die Regelungstechnik, Nichtlineare Regelvorgänge
für Elektrotechniker, Physiker und Maschinenbauer (6. Semester)

K.-A. Reckling, Mechanik I, II, III
für Studenten der Ingenieurwissenschaften (1. und 2. Semester)

K. Torkar / H. Krischner, Rechenseminar in Physikalischer Chemie
für Chemiker, Verfahrenstechniker und Physiker (ab 3. Semester)

**M. Toussaint / K. Rudolph, Programmierte Aufgaben zur linearen Algebra
und analytischen Geometrie**
für Mathematiker und Physiker (ab 1. Semester)

H. Wenzel u. a., Einfachste Konvergenzkriterien für unendliche Reihen
Programm für Mathematiker, Naturwissenschaftler, Techniker und
Wirtschaftswissenschaftler (ab 1. Semester)

O. P. Spandl, Die Organisation der wissenschaftlichen Arbeit
für Studenten aller Fachrichtungen (ab 1. Semester)

H. Seiffert, Einführung in das wissenschaftliche Arbeiten
für Studenten aller geisteswissenschaftlichen, wirtschaftswissenschaftlichen,
naturwissenschaftlichen und technischen Fachrichtungen (ab 1. Semester)